SUCRAGE

DES VENDANGES

AVEC LES SUCRES RAFFINÉS

DE CANNE, DE BETTERAVE, ETC.

OU

VUES SUR CETTE MÉTHODE INDUSTRIELLE DE VINIFICATION
CONSIDÉRÉE COMME MOYEN DE RÉGULARISER LA QUALITÉ
DES VINS AU NIVEAU DES GRANDES ANNÉES ET
D'EN AUGMENTER AU BESOIN LA QUANTITÉ
DANS LES ANNÉES DE RÉCOLTES
MAUVAISES OU INSUFFISANTES

Par M. Dubrunfaut

Les créations de l'homme sont encore l'œuvre
de Dieu.
> MALEBRANCHE (*Recherche de la vérité*).

L'expérience double les richesses en les partageant.
> NAU DE CHAMPLOUIS (*Congrès des vignerons*).

———

PARIS

CHEZ Mme BOUCHARD-HUZARD

RUE DE L'ÉPERON, 5

—

1854

INTRODUCTION.

Le fléau qui ravage la vigne depuis quelques années compromet cette source précieuse de nos richesses et menace de privation l'un de nos premiers besoins. Le vin, en effet, après avoir subi une hausse considérable par suite de la disette des vignes, ne laisse pas l'espoir d'une amélioration prochaine.

En présence de ces faits l'industrie en est à songer sérieusement aux moyens de remplacer le vin dans l'alimentation des populations.

Déjà, après avoir demandé à la betterave un utile auxiliaire de l'alcool de vin, on a été conduit naturellement à rechercher si cette précieuse racine ne pourrait pas aussi fournir un surrogat du vin lui-même, en tant que boisson vineuse à consommer en nature.

Si l'on n'envisage le vin que comme une boisson à base d'alcool, nul doute que l'industrie, qui a trouvé dans la betterave une source alcoolique qui peut rivaliser avec celle du Languedoc, n'y puisse trouver aussi les élements d'une boisson vineuse.

Cependant il ne faut pas se faire illusion sur ce point, nonobstant les annonces qui ont été faites. On pourra, en effet, avec des soins convenables et bien dirigés, arriver à produire avec des betteraves une boisson alcoolique saine et réparatrice ; mais il serait difficile, pour ne pas dire impossible, de produire par ce moyen de véritables vins, imitant même de loin les inimitables produits de la vigne.

La vigne seule renferme dans des proportions convenables les divers éléments qui constituent le vin proprement dit. La betterave ne renferme que l'un de ces éléments, le sucre, et les vins auxquels elle servirait de base ne pourraient arriver à constituer de véritables vins que par une double opération, qui consisterait à éliminer des jus de betteraves les produits étrangers, et à y apporter les produits qui manquent.

On ne pourrait donc demander à la betterave qu'une boisson vineuse, spéciale et nouvelle, analogue au cidre, au poiré, à la bierre, mais non un véritable vin susceptible de tromper la vigilance du consommateur.

Si le vin venait à faire défaut, il est probable qu'à l'exemple des populations du nord de l'Europe, notre consommation de boisson alcoolique se reporterait de préférence sur la bierre, car cette boisson, qui est plus ou moins répandue, même parmi les populations vinicoles, offrirait une innovation moins radicale et plus facile à réaliser par cela même qu'elle blesserait moins les habitudes et les goûts.

Espérons encore que nous n'en viendrons pas à cette extrémité, et que la vigne, triomphant du fléau et des météores qui détruisent ses récoltes, nous rendra une boisson précieuse qui n'a pas de rivale dans les produits de notre agriculture et de notre industrie.

Momentanément nous avons pensé que pour réparer en partie le déficit des récoltes des vignes on pourrait, par une pratique simple, et sans altérer sensiblement les propriétés et la qualité des vins, en augmenter la quantité : nous voulons parler de la méthode de sucrage appliquée non seulement comme méthode réparatrice de maturité incomplète, mais comme moyen d'accroître utilement en quantité le volume des vendanges. Avant d'attaquer cette question, nous aurons à examiner le sucrage dans son histoire et dans ses pratiques.

Le moment où nous faisons cette publication (30 août 1854) est fort rapproché de l'époque des vendanges, et il permettrait difficilement par là même aux intérêts engagés dans la question de faire, en temps utile, auprès des ministres compétents, les démarches nécessaires pour obtenir le dégrèvement des sucres employés dans les vendanges.

Dans cette position nous avons pris sur nous de faire cette démarche, d'abord auprès du ministre de l'agriculture et du commerce, puis auprès du ministre des finances. Nous donnons ci-après le texte de la pétition que nous avons rédigée à cet effet. Il serait utile qu'une pareille pétition fût adressée par tous les intérêts engagés dans la question, savoir : 1° par les vignerons ; 2° par les fabricants de sucre indigène ; 3° par les colons ; 4° par les commerçants des ports de mer ; 5° par les raffineurs de sucre.

Une objection a déjà été faite à cette demande, c'est que le personnel administratif, tel qu'il existe, ne suffirait pas pour faire face aux exigences du nouveau service, et que son accroissement mettrait à la charge du budget une dépense nouvelle sans compensation. A cette objection nous répondrons que, si l'administration ne peut prendre sur elle les charges d'un nouveau service en vue d'intérêt public, sans y trouver une compensation quelconque, elle pourrait n'accorder pour le sucre introduit dans les vendanges qu'un dégrèvement partiel ; elle satisferait ainsi à l'une des demandes formulées dans notre pétition.

Pétition adressée à MM. les Ministres du commerce et des finances, par M. Dubrunfaut, à l'effet d'obtenir le dégrèvement des sucres raffinés introduits dans les vendanges.

Le Soussigné, confiant dans les résultats d'expériences acquises dès long-temps à la discussion, croit pouvoir recommander l'emploi exclusif du sucre raffiné de canne et de betterave comme moyen de régulariser la qualité des vins de tous les crus au niveau des grandes années ; confiant, en outre, dans des données scientifiques et industrielles qui lui sont propres, il ne doute pas que le même sucrage pratiqué convenablement, avec addition d'eau dans les vendanges, ne puisse accroître utilement le volume des vins sans nuire à leurs qualités essentielles.

Cette dernière pratique, applicable surtout aux vins ordinaires et communs, serait précieuse dans les années de mauvaise récolte, comme celle que nous préparent en ce moment l'oïdium et la coulure.

Pour pratiquer ce sucrage dans les conditions les plus

favorables, et pour arriver plus sûrement à le généra-
liser dans les vignobles, il serait utile que l'administration accordât la franchise du sucre raffiné introduit dans
les vendanges. Cette nouvelle consommation, qui peut
atteindre de vastes proportions, fournirait plus tard,
quand elle aurait pénétré dans l'industrie vinicole, la
base d'une nouvelle matière imposable qui serait la
source d'un nouveau revenu pour le trésor.

Fort de ces considérations, le Soussigné réclame l'af-
franchissement immédiat, ou au moins un dégrèvement
large du sucre raffiné employé dans les vignobles, pour
que les travaux du sucrage puissent se pratiquer en
grand dans les vendanges qui vont s'ouvrir incessam-
ment.

Nulle objection sérieuse ne peut être faite à cette
proposition, et nul intérêt ne peut avoir à souffrir de
sa mise en pratique.

En effet, un nouvel et immense débouché ouvert au
sucre dans les vignobles ne peut qu'être utile aux intérêts des producteurs du Nord, des colonies et des raffineurs.

Les vignerons y trouveraient un élément d'amélioration de qualité et de quantité de leurs produits, et
par là même un nouvel élément de prospérité.

Les consommateurs ne pourraient souffrir de la créa-
tion d'un nouveau débouché du sucre, dont le prix est
réglé par celui des sucres étrangers; leur intérêt ne
pourrait également que gagner à l'adoption d'une méthode qui, en réparant les désastres des météores et
d'un fléau, doit régulariser la qualité des vins, en augmenter la quantité et réagir par là même sur les prix,
qui tendent à s'élever au dessus des facultés du plus
grand nombre.

Le trésor lui-même n'aurait qu'à gagner en accordant la franchise temporaire, car l'accroissement du volume du vin serait une source supplémentaire de revenus, et si les sucres indigènes et coloniaux étaient insuffisants pour les besoins, le sucre étranger, en comblant le déficit, accroîtrait les recettes du trésor proportionnellement à la surtaxe.

Agréez, Monsieur le Ministre, etc.

DUBRUNFAUT.

Bercy, le 30 août 1854.

SUCRAGE
DES VENDANGES
AVEC LES SUCRES RAFFINÉS

DE CANNE, DE BETTERAVE, ETC.

Historique du Sucrage.

Le sucrage des vins, considéré comme moyen de suppléer au défaut de maturité des vendanges, n'est pas un procédé nouveau. Les anciens le pratiquaient en concentrant une partie de la vendange ou bien en y ajoutant la seule matière sucrée dont ils disposaient : le miel.

Le sucrage par concentration d'une partie plus ou moins grande de la vendange pour corriger la pauvreté des moûts en sucre a été pratiqué par les peuples modernes, et surtout, au dire de Fabroni, en Espagne, en Grèce et en Hongrie.

C'est cette méthode qu'un œnologue français, Maupin, préconisa vers la fin du siècle dernier comme moyen d'améliorer la qualité des vins. Maupin, qui publia plusieurs brochures sur la viticulture et la fabrication des vins, a signalé un grand nombre d'expériences

qui établissent d'une manière nette l'utilité du sucrage
et l'amélioration grande qu'il introduit dans les qualités
des vins.

Le sucrage ainsi pratiqué sur des vendanges dont la
qualité est médiocre, soit par vice de cepage, de sol, de
culture, ou de maturité, n'offre rien qui répugne à l'esprit, car il consiste en réalité dans l'élimination d'une
partie de l'eau du raisin qui, étant trop aqueux, ne
réunissait pas, en proportions convenables, les éléments utiles pour faire un vin de garde. En procédant
ainsi on améliore la qualité au détriment de la quantité,
et à l'aide d'une manœuvre qui exige une dépense d'ap-
pareils, de main-d'œuvre et de combustible. Il y a plus :
c'est que, si le rapport des éléments n'est pas favorable
à la meilleure qualité des vins, il est conservé intégra-
lement.

Si l'on considère que les vendanges médiocres pè-
chent surtout par l'insuffisance de l'élément sucre, on
comprendra le succès qu'a obtenu la proposition d'a-
jouter de préférence à la vendange une matière sucrée
prise à une source étrangère à la vigne, comme l'était
le miel chez les anciens.

Cette méthode cependant, en ce qui concerne le
miel, offrait des inconvénients qui n'ont pas échappé
aux observateurs. En effet, les vins ainsi édulcorés con-
tractent la saveur caractéristique du miel, et ils per-
dent ainsi, pour les consommateurs habitués au goût des
vins de raisin pur, leur valeur en usage.

L'utilité de l'addition des moscouades de canne à la
vendange pouvait facilement se déduire des pratiques
des anciens, qui étaient fondées sur l'addition de moût
concentré ou de miel. Cependant il ne paraît pas que
l'idée de cette pratique remonte au delà du milieu du

dernier siècle. Les premières expériences de ce genre sont dues à Rouelle et à Baumé, qui les ont faites à l'occasion de recherches sur la fermentation alcoolique.

Vers 1776 ou 1777, époque où Maupin s'occupait lui-même d'améliorations analogues, fondées surtout sur l'emploi des vendanges concentrées, Macquer signalait quelques expériences curieuses dans lesquelles il avait pu produire des vins de bonne qualité avec des raisins verts, ou même avec du verjus, additionnés de moscouades de canne. (*Pièce* A *publiée à la suite de cette brochure.*)

Bullion et l'abbé Rozier s'occupaient à la même époque d'expériences de même genre, et constataient les mêmes résultats. Seulement Bullion se servait de sucre qu'il additionnait à la dose de 20 livres de moscouades par muid de vin, et Rozier recommandait le miel dans la proportion de un deux-centième du poids du moût, et il arrivait avec ce dosage, introduit dans la question économique, à prouver que la plus-value du vin édulcoré payait avec usure la dépense en matière sucrée.

Vers 1800, dans un excellent travail sur la vigne et les vins, publié dans les *Annales de chimie* (t. 35 et 36), le comte Chaptal reproduisait, avec l'autorité qu'il possédait déjà en matière industrielle, les doctrines de Macquer et autres sur l'utilité du sucrage, et en insistant particulièrement sur le sucrage avec les moscouades de canne, il prenait la méthode sous son patronnage. De là, sans doute, l'origine du nom donné à cette méthode par les industriels qui l'ont pratiquée dans le cours de ce siècle (1).

(1) On désigne en effet le sucrage sous le nom de procédé Chaptal, d'où l'on a dérivé le verbe chaptaliser pour désigner le sucrage des vendanges, pratiqué par un moyen quelconque.

La haute position sociale et politique occupée depuis par le chimiste Chaptal n'a pas peu contribué, sans doute, à donner au sucrage qu'il recommandait une valeur plus grande, et à le faire pénétrer dans la pratique sous l'égide d'un nom justement vénéré.

Chaptal, nous insistons à dessein sur ce fait, a surtout recommandé le sucrage avec les moscouades de canne, en 1800, et c'est ce sucrage qui seul a été encore préconisé dans son traité *De l'art de faire le vin*, publié en 1819 (1).

Dans ce dernier traité, Chaptal, après avoir décrit le sucrage, s'exprime ainsi :

« Comme le sucre de canne est très répandu, c'est
» celui qu'on emploie pour améliorer la fermentation ;
» mais il serait économique d'extraire le sucre du rai-
» sin, dans les années d'abondance et de parfaite matu-
» rité, pour le faire servir à cet usage. J'inviterai les
» populations du Midi à reprendre cette intéressante
» fabrication pour pouvoir fournir aux besoins. »

Evidemment Chaptal désignait là les sirops de raisin, qui, sous l'Empire, avaient déjà été l'objet de grandes fabrications, et alors même qu'il eût désigné le sucre con-

---

(1) Cependant dans son travail de 1800, inséré aux Annales de chimie, on pourrait, faute de guillemets, lui attribuer le paragraphe suivant, qui appartient à Macquer.

« Ces expériences me paraissent prouver avec évidence que le
» meilleur moyen de remédier au défaut de maturité des raisins
» est de suivre ce que la nature nous indique, c'est-à-dire d'intro-
» duire dans le moût la quantité de principe sucré nécessaire
» qu'elle n'a pu leur donner. Ce moyen est d'autant plus pratica-
» ble, que non seulement le sucre, mais encore le miel, la mé-
» lasse, et toute autre matière saccharine d'un moindre prix, pour-
» ront produire le même effet, pourvu qu'ils n'aient pas de saveur
» accessoire desagréable, qui ne puisse être détruite par une bonne
» fermentation. »

cret de raisin, ce produit n'eût pas offert dans le sucrage des vendanges les inconvénients du sirop de fécule.

Vers le commencement du siècle, un chimiste indus-
triel justement célèbre, M. Mollerat, en s'occupant des
moyens de pratiquer économiquement le sucrage des
vins, songea à se servir de la découverte de Kirchoff
comme base de cette application. Kirchoff avait démontré, en effet, que l'amidon ou la fécule de pommes de
terre, traités par l'acide sulfurique, dans certaines conditions étaient transformés en matière sucrée ; il avait
démontré, en outre, que cette matière sucrée pouvait
fournir des agglomérations cristallines, qui ne se dis-
tinguaient en aucune manière de celles qui sont produites par les raisins secs ou par les sirops de raisin
concrétés. De là le nom de sucre de raisin donné à
cette espèce de sucre.

Mollerat, quoique doué d'une grande sagacité et d'un
esprit observateur, qui sont souvent le point de départ
d'utiles découvertes, accepta sans examen l'identité
admise par la science entre le sucre concret de fécule
et le même sucre fourni par les raisins.

Vivement préoccupé de l'application du sucrage aux
vendanges, il étudia la fabrication pratique du sirop de
fécule, créa cette fabrication sur une grande échelle,
au centre des vignobles de la Bourgogne, et, per-
suadé avec juste raison que l'introduction dans les vendanges d'un corps identique avec celui que la nature y
dépose dans les bonnes années ne pourrait altérer la
qualité des vins, il recommanda son nouveau produit
aux vignerons bourguignons, à l'exclusion du sucre de
canne, qui dans l'état normal différait évidemment, par
sa nature et ses propriétés, du sucre de raisin.

Ces raisons, colorées d'un vernis scientifique, jointes sans doute à la différence de prix qu'offraient les sucres de canne et les sucres de fécule, firent prévaloir les efforts de M. Mollerat, et amenèrent la consommation en Bourgogne d'une quantité assez considérable non pas de sucre de fécule, mais bien de sirops de fécule bruts, tels qu'ils résultent de la concentration des moûts fournis par la réaction de l'acide sulfurique sur la fécule.

Cette méthode de sucrage économique des vendanges a surtout acquis quelque importance en Bourgogne de 1825 à 1845, et elle avait même déjà pénétré par imitation dans d'autres vignobles, et notamment en Champagne et dans le Bordelais.

Notons aussi que le sucrage des vins, recommandé d'abord pour des vendanges de raisins dépourvus de maturité, avait produit sur ces vendanges des résultats tellement satisfaisants, qu'on avait cru pouvoir en étendre le bénéfice à toutes espèces de vendanges, et même à celles qui servent de base aux vins nobles.

Vers 1845, des plaintes vives surgirent de divers points de la France et de l'étranger contre les vins produits par la Bourgogne. Un changement notable s'était révélé dans les propriétés physiques de ces vins. Une saveur nouvelle venait déranger les habitudes des consommateurs. Les modifications produites par l'âge se présentaient sous des formes nouvelles. Souvent ils étaient altérés dans leurs propriétés essentielles, c'est-à-dire dans les modifications qu'ils subissent pendant la garde.

Le congrès des vignerons, réuni pour sa quatrième session, à Dijon, en 1845, composé d'hommes éminents dans les sciences, l'industrie et le commerce, eut à s'émouvoir des faits que nous venons de rapporter; il

eut à en rechercher les causes, et, dans sa sollicitude
pour l'industrie spéciale objet de ses travaux, il crut
trouver la justification des plaintes des consommateurs
dans le sucrage des vendanges et dans l'emploi des
engrais.

Plusieurs séances des membres du congrès furent
consacrées à entendre les défenseurs et les détracteurs
du sucrage. (*Pièces B.*)

Parmi les premiers se trouvèrent MM. Mollerat, de
Varembey, Gaulin, Sauzey et Delarue ; sur l'autre bord
se trouvèrent réunis MM. Vergnette-Lamotte, Poulet-
Denuys, L. Leclerc, le docteur Bonnet, Chevillard et
Demermety. M. Guillory, président de la section, ne prit
point part à la discussion.

A la suite de cette discussion, le congrès a pris en
considération l'art. 4 des conclusions adoptées par le
comité des négociants et propriétaires de l'arrondissement de Beaune, relatif à l'emploi du sucre, et a décrété l'abandon du sucrage.

Cet art. 4 était ainsi libellé :

« Art. 4. — *Que le système de sucrage des vins de*
» *Chaptal*, préconisé depuis long-temps, assez géné-
» ralement adopté, et contre lequel une réaction s'est
» opérée depuis quelques années, devrait être com-
» plétement abandonné comme étant funeste à la Bour-
» gogne ; qu'en effet, on ne saurait contester que le
» sucre les dénature, qu'il leur enlève ce qu'ils ont de
» plus précieux, leur incomparable bouquet et cette
» délicatesse qui est leur véritable cachet ; qu'il les
» charge de parties alcooliques, ce qui les rend plus
» vineux, plus échauffants, et en fait restreindre et
» abandonner l'usage ; tandis qu'il est certain que les
» vins de Bourgogne faits comme autrefois ne contien-

» nent pas plus d'alcool que les vins de Bordeaux, avec
» lesquels ils peuvent lutter pour la solidité ; qu'un in-
» convénient plus grave encore résulte du sucrage :
» c'est l'impossibilité de distinguer, en primeur et mê-
» me pendant la première année, des cuves d'un ordre
» et d'un climat différents. »

Justification du sucrage.

Si on lit avec attention la note historique que nous venons de donner sur le sucrage des vins, y compris les pièces à l'appui, que nous publions ci-après pour l'instruction du lecteur, il sera facile de reconnaître que la décision du congrès des vignerons réunis à Dijon en 1845, en condamnant le sucrage des vins d'une manière absolue, a fait un acte violent, qui a pu être utile aux intérêts du commerce de vins de la Bourgogne ; mais, en se basant sur les considérations qui le justifient, il est facile de reconnaître aussi que ces reproches, en ce qu'ils ont de fondé, s'adressent exclusivement à la méthode de sucrage, à la matière qu'elle a mise en œuvre et par suite à l'abus de cette méthode, et non au principe scientifique lui-même qui lui sert de base.

Toutes les expériences, en effet, qui ont été faites avec exactitude depuis Rouelle jusqu'à M. Lebas, cité dans le recueil du congrès des vignerons, toutes s'accordent à reconnaître que le sucrage pratiqué avec les moscouades de canne (sucre terré, par exemple) et appliqué à des vendanges dépourvues, par vice de maturité, du sucre utile, a donné des vins de qualité satisfaisante.

Maintenant dans quelle condition convient-il de restreindre la pratique du sucrage, c'est ce qu'il peut être utile d'examiner, en remontant aux bases scientifiques sur lesquelles on peut s'appuyer aujourd'hui.

Nous avons découvert et établi ailleurs que le sucre de canne, avant de subir la fermentation alcoolique, subit, sous l'influence du ferment ou des acides, une modification profonde qui le transforme en deux autres espèces de sucre qui se retrouvent identiquement et dans les mêmes proportions que dans le corps sucré des raisins arrivés à maturité parfaite. L'un de ces sucres est le sucre concret connu sous le nom de sucre de raisin. Ce sucre peut être le produit de la réaction finale de l'acide sulfurique sur la fécule, mais il n'en est pas le produit constant et unique dans les sirops de fécule du commerce (1). L'autre espèce est un sucre liquide que nous avons isolé à l'état de pureté; il est incristallisable, aussi sucré que le sucre de cannes; il forme avec la chaux un sucrate cristallisé peu soluble qui nous a permis de l'isoler; il est doué d'un pouvoir rotatoire fort énergique à gauche', variable avec la température. Ce sucre est le même que celui que M. Bouchardat a découvert dans le sucre d'inuline. Il existe dans tous les fruits sucrés et dans les miels. Il a la même composition élémentaire que le sucre concret de raisin.

Ces deux espèces de sucre, dans lesquelles se transforme le sucre de canne sous l'influence des ferments avant de subir la fermentation alcoolique, se produisent alors à équivalents égaux.

(1) Ces sirops, en effet, renferment toujours à doses variables les deux espèces de sucres que nous avons désignés sous les noms de glucose monorotatoire et trirotatoire; ils renferment en outre de la dextrine, et souvent aussi des produits du sucre altéré par l'acide sulfurique (ulmin, ulmine, acide formique, etc.).

D'après ces observations, il serait difficile d'affirmer que le sucre de canne interverti (c'est le nom que M. Biot a donné à ce mélange ou à cette combinaison de sucres) n'est pas parfaitement identique avec le mélange de corps sucrés qui existe dans les fruits bien mûrs, et notamment dans les raisins. Cette identité est telle qu'on pourrait supposer que la nature, partout où l'on trouve le sucre interverti mêlé aux acides, a pu ne créer que du sucre de canne comme dans la canne et la bette-rave, et que ce sucre, dans les fruits acides, a subi une transformation secondaire en sucre interverti sous l'influence des acides qui préexistent dans ces fruits avant l'apparition du sucre. Cette opinion est corroborée par cette considération que le sucre cristallisable ne se rencontre dans cet état que dans les végétaux qui sont dépourvus d'acidité, et que, partout au contraire où les acides se trouvent alliés au corps sucré, ce sucre est toujours à l'état de sucre de canne altéré, c'est-à-dire de sucre interverti.

Les sucres purs de diverses espèces, nonobstant les idées et formules généralement admises par les savants, ne sont pas également transformés par la fermentation alcoolique en alcool et en acide carbonique, de sorte que l'on ne peut dans aucun cas, et pour aucune espèce de sucre, faire l'équation des sucres avec de l'alcool et de l'acide carbonique ; il y a toujours un déficit, qui nous a paru être constant pour une même espèce de sucre.

Ce déficit n'est pas inexplicable, si l'on considère que la fermentation alcoolique telle qu'on la conçoit depuis les travaux si remarquables de Cagnard Latour et de Turpin ne serait que l'effet secondaire d'une réaction organique due aux fonctions vitales du ferment. On trouve en effet dans toute espèce de vin divers produits, qui sont indubitablement les résultats nécessaires de ces fonctions vitales et des sécrétions qui l'accompagnent. Le vin s'appauvrit en azote quand le ferment pullule, il s'enrichit au contraire en azote quand le ferment accomplit sa vie organique sans reproduction. Le premier cas se trouve réalisé dans la fermentation du moût de raisin, du moût de bierre, etc. ; le second se présente dans la fermentation des sucres purs, sous l'influence d'un ferment développé (la levure de bierre ou autre).

L'alcool amylique, dont la saveur est si caractéristique, paraît être un produit constant de la fermentation du glucose de raisin ou de fécule. A ce titre on le trouve surtout à haute dose dans les produits de fermentation des glucoses de fécule et de grains ; on le retrouve encore, comme nous l'avons constaté le premier, dans les alcools de mélasses. On le retrouve même, et au même titre, dans les alcools de vins, ainsi que l'a prouvé M. Balard. Dans tous ces cas la présence du glucose monorotatoire explique la présence de l'alcool amylique en proportions variables.

L'acide lactique et l'ammoniaque paraissent être aussi des produits inévitables des fonctions du ferment opérant la transformation alcoolique des sucres.

Les diverses espèces de sucre bien distinctes, simples et bien caractérisées, comme le sont les glucoses concrets, monorotatoire et trirotatoire, le sucre liquide sinistrogyre, et par suite le sucre interverti, ne donnent pas par la fermentation alcoolique avec un même ferment des boissons vineuses identiques. Ces boissons diffèrent sensiblement au goût, et ces différences viennent certainement de quelques produits différents aux-

quels donne naissance leur fermentation alcoolique,
soit que cela provienne de l'alcool amylique ou d'autres
produits non définis.

Ce qui est vrai pour ces sucres purs, bases de produits commerciaux, l'est à plus forte raison pour tous
les mélanges de corps sucrés avec des matières diverses, telles qu'on les trouve dans le commerce; tels sont
les sucres bruts et mélasses de canne ou de betterave, les sirops divers de fécule, préparés soit à l'acide
sulfurique, soit au malt, les miels divers, etc.

Ces divers produits, mis en fermentation, donnent
aux vins leurs saveurs propres, ou plus souvent encore
la saveur ou l'odeur d'un ou de plusieurs de leurs produits, modifiés par l'action des ferments (1).

Quoi de plus intelligible maintenant que les modifications profondes produites dans les saveurs et les propriétés des vins de raisin par l'introduction dans la vendange de corps aussi hétérogènes que les sirops glucoses de fécule recommandés et introduits sur une grande
échelle en Bourgogne, sur la foi du vénérable et digne
Mollerat.

Cette pratique, fondée sur une erreur scientifique
que M. Mollerat a partagée, bien innocemment sans
doute, avec toutes les sommités de la science de l'époque, a reculé de beaucoup l'art du sucrage. L'on ne
peut en vouloir au savant qui s'est dévoué si généreu-
sement au progrès de l'œnologie; il a été, comme l'œ-
nologie elle-même, victime d'une erreur de son temps.

---

(1) On sait en effet qu'un grand nombre de substances sont mo-
difiées ou transformées sous l'influence des ferments, et même du
ferment alcoolique. C'est ainsi que ce ferment opère la transformation de l'asparagine en succinate d'ammoniaque, celle de l'hélicine
en glucose et en essence de spiræa, etc..

Nous avons nous-même, à l'exemple de M. Mollerat, tenté, à diverses époques, l'introduction des sirops de fécule dans la vendange, et toujours nous avons reconnu dans les produits une saveur fade, amère et caractéristique, qui est propre aux bierres préparées, au sirop de fécule, et qui nous a toujours inspiré un véritable dégoût. Aussi reconnaissons-nous facilement, à la simple dégustation, les vins procédés au sirop de fécule ; cela tient à la grande habitude que nous avons prise de déguster les vins de fécule purs, en fabriquant ces vins en vue de la distillation.

Néanmoins, les glucoses impurs de fécule, de même que les autres glucoses qu'on peut préparer avec les topinambours, les grains, les betteraves, etc., pourraient, dans certaines conditions, en raison de leurs moindres prix, entrer utilement dans le sucrage des vendanges communes, comme celles des gouais, gros gamays, etc.

Les mélasses de cannes, dont les produits fermentés ont une saveur si tranchée, ont aussi parfois servi en Bourgogne au sucrage des vins, et elles ont pu contribuer aussi à modifier les saveurs des vins de ces crus.

Si, au lieu d'employer de pareils produits pour pratiquer le sucrage, on avait eu recours seulement aux moscouades de canne recommandés par Chaptal après Rouelle, Baumé, Macquer et autres chimistes, nul doute que les vins préparés avec ses sucres n'eussent point rencontré chez les consommateurs le discrédit que l'on a observé ; car les altérations de goût et de qualités produites par cette sorte de sucre eussent été si légères en présence de ses effets utiles, qu'elles n'auraient pu faire l'objet d'un grief sérieux.

En effet il résulte d'observations exactes et dignes de foi signalées, même sans contradiction, dans les séances du congrès des vignerons, que les reproches fondés adressés aux vins procédés s'appliquaient surtout aux vins qui avaient été sucrés avec des sucres autres que les moscouades de canne, et par conséquent aux sucres de fécule.

Tout ce qui blesse les goûts et les habitudes des consommateurs, fût-il un progrès ou une amélioration réelle, doit-être repoussé par les producteurs et les commerçants, comme une manœuvre qui peut compromettre leur réputation et leur fortune (1). Le brasseur de Paris s'enrichit en préparant une boisson fade avec du sirop de fécule; il se ruinerait peut-être s'il voulait substituer le faro belge ou l'aile anglaise dans la consommation parisienne : il créerait en effet un produit qui n'a pas de consommateurs.

On ne pourrait dire que les vins sucrés dont on s'est

(1) Nous pouvons parler de ces faits avec connaissance de cause, attendu que nous savons par notre propre expérience ce qu'il en coûte de peine, de temps et de sacrifices, pour faire admettre des produits nouveaux dans la consommation. Que de mal n'avons-nous pas eu pour faire admettre le sucre de betterave concurremment avec le sucre de cannes ! On a contesté d'abord l'identité; il sucrait moins, disait-on, et on le repoussait à l'égal d'un mauvais sucre.

Les alcools fins qui commencent à se présenter seuls dans la consommation, et à remplacer ainsi avantageusement le Montpellier dans tous les usages, comme le sucre de betterave a remplacé le sucre de canne, les alcools fins, disons-nous, ont pendant long-temps été repoussés par le commerce, et il nous a fallu une grande persévérance pour arriver à les faire admettre. Nos successeurs eux-mêmes ont continué la lutte, qui n'est pas achevée au moment où nous écrivons, car il existe entre les Montpellier et les alcools fins des différences de prix énormes, que ne justifient nullement les différences de propriétés. Le goût seul, basé sur la saveur du Montpellier, peut en donner l'explication, sinon la justification.

plaint fussent en réalité, même avec leurs défauts, un
pas rétrograde dans l'industrie, attendu qu'étant fabriqués par des procédés plus économiques, ils eussent
pu être livrés au commerce à un prix plus modéré. En
effet, le sucrage, comme l'établissent tous les docu-
ments invoqués contre lui, permettait aux vins de second ordre de passer en primeur, et même dans la première année, pour des vins de premier ordre.

A ce point de vue on ne peut pas nier que le sucrage
imparfait était un progrès. Seulement l'abus se révélait
là où le consommateur pouvait reconnaître qu'il avait
été trompé sur la qualité de la marchandise vendue, en
recevant du vin de cuvée de second ordre au lieu d'une
cuvée de premier ordre, c'est-à-dire le vin d'un cru
inférieur relevé par le sucrage au niveau d'un cru su-
périeur.

A ce point de vue encore l'abus ne venait pas du procédé, qui réalisait une amélioration réelle et non con-
testée, mais bien de l'industrie et du commerce, qui
abusaient de cette amélioration pour attribuer au produit une valeur définitive qu'il ne possédait pas.

M. de Varembey, qui, avec tous les défenseurs du
sucrage, a dit dans le congrès d'excellentes choses en faveur de ce procédé, a résumé ainsi les justes reproches
qu'on pouvait adresser aux vins sucrés : « Ils provien-
» nent, a dit cet honorable membre, 1° de ce qu'on a
» sucré les crus supérieurs dans les années bonnes et
» mauvaises, au lieu de borner le sucrage aux crus in-
» férieurs, surtout dans les années où la maturité est
» incomplète, afin de donner aux vins des années dé-
» favorables et des basses cuvées plus de corps et plus
» de conservation;

» 2° De ce que le sucrage a été immodéré, au lieu

» d'être proportionné à la quantité de ferment que l'acide
» tartrique tient en dissolution ;

   » 3° De ce qu'on a sucré avec du sucre de canne,
» qui est hétérogène à celui de raisin, et qui décom-
» pose moins de ferment que ce dernier, au lieu d'em-
» ployer du sucre de fécule bien pur, qui, étant iden-
» tique au sucre de raisin, ne peut qu'ajouter au fruit
» de la vigne un principe qui est quelquefois en dé-
» faut (1) ;

   » 4° De ce qu'au lieu de mettre le sucre préalable-
» ment dissous avec un peu d'eau tiède dans la cuve,
» où il active la fermentation et subit les combinaisons
» chimiques qui en résultent, on l'a mis dans des ton-
» neaux où il détermine une seconde fermentation tu-
» multueuse qui désorganise plus ou moins les produits
» de la première et les dispose à un commencement
» d'acétification ;

   » 5° De ce qu'on a exposé les vins sucrés, toujours
» plus durs que ceux qui ne l'ont pas été, à la tempé-
» rature d'une étuve, pour les avancer et les rendre
» plus promptement potables, au lieu de les déposer
» dans de bonnes caves, où ils doivent s'achever len-
» tement. »

   (1) M. Varembey partage ici l'erreur de son confrère M. Mollerat, et cette partie seule de ses explications devrait être renver-
sée pour être vraie. M. Delarue lui-même, qui a donné de si bonnes raisons pour la défense du sucrage, a cherché à corroborer les
erreurs de M. Varembey par la différence de constitution des sucres de canne et de fécule.

Principes à suivre pour pratiquer le sucrage.

Les considérations qui précèdent nous dispensent ici de nouvelles discussions sur les objections plus ou moins sérieuses qui ont été faites au sucrage.

Nous croyons que le sucrage doit être pratiqué toujours dans la cuve.

Le sucre additionné doit être du sucre raffiné de canne et de betterave, en réservant pour une autre époque la question des glucoses de fécule et autres.

La dose additionnelle de sucre doit être faite de manière à ne pas exagérer sensiblement la richesse alcoolique habituelle du vin que l'on procède, de manière à ne pas altérer les propriétés que le consommateur connaît, recherche et paie.

On peut évaluer que pratiquement 1700 grammes de sucre raffiné ordinaire du commerce peuvent développer 1/100 d'alcool pur dans un hectolitre de moût. Il faudrait donc employer autant de fois 1700 grammes de sucre de canne que l'on désirerait produire de centièmes d'alcool par chaque hectolitre de vin.

Dans le plus grand nombre de cas, l'addition de sucre ne devra pas excéder celle qui correspond à une production de 2 à 3 centièmes d'alcool par chaque hectolitre de vin, soit une consommation de 3^k5 à 5^k de sucre par hectolitre de vin, ou 8^k à 12^k par pièce.

L'utilité du sucrage avec le sucre raffiné de canne ou de betterave étant démontrée, l'administration de l'impôt indirect ne pourrait se refuser à accorder la décharge du droit qui grève les sucres employés dans le sucrage, comme elle a accordé, à une autre époque, la décharge du droit de l'alcool employé au vinage.

Les sucres jetés dans les cuves à vendange en présence des employés de l'administration lui donneraient toutes les garanties qu'elle peut exiger pour la conservation des droits du trésor.

Une consommation de 12 kilog. de sucre raffiné par pièce de vin imposerait au vigneron une dépense de 10 fr. 80 cent. avec du sucre libéré d'impôt, et 18 fr. avec du sucre acquitté. La grande valeur actuelle des vins permettrait le sucrage au sucre imposé, si l'administration se refusait à accorder la franchise.

Voilà donc la limite maxima du sacrifice qui serait imposé au vigneron pour édulcorer convenablement une pièce de vin fabriqué avec un moût de raisin dépourvu de maturité.

D'après les observations de Gay Lussac et de M. Bouchardat, la richesse des vins de Bourgogne dans les années ordinaires ne s'élève pas au delà de 10 centièmes. Telle est aussi celle des grands crus de Bordeaux. D'après M. Delarue, qui, à l'exemple de M. Fauré de Bordeaux, a exécuté de fort beaux travaux sur les vins, la richesse alcoolique des grands vins de Bourgogne s'éleverait entre 12 et 14.7 centièmes. Il est probable que ces dernières observations, faites sur des vins récoltés de 1833 à 1842, ont eu lieu sur des vins procédés. Cependant il serait possible que les années exceptionnelles, comme celle de 1811, pussent donner aux vins naturels une richesse de 12 centièmes. Cette base, que nous croyons voisine de la vérité, serait à vérifier pour qu'elle pût servir de guide pour les sucrages à effectuer dans les années ordinaires et mauvaises.

Le sucrage des vins au sirop de fécule a certainement été souvent poussé en Bourgogne de manière à produire dans les vins de grands crus une grande exaltation de richesse alcoolique.

Cette exaltation de richesse alcoolique des vins *procédés* conduisait nécessairement à les dépouiller plus complétement, plus rapidement, du tartre, qui est l'un des éléments habituels et caractéristiques des vins (1). Le tartre précipité entraîne toujours avec lui une certaine proportion de matière colorante. Il serait donc possible de retenir dans le vin, par une addition d'eau et de sucre, tout le tartre et la matière colorante qui dans le travail normal sont éliminés.

Cette pratique, qui pourrait être fort utile comme moyen d'accroître la quantité de vins dans les circonstances difficiles où nous allons nous trouver, est praticable même sur les bonnes vendanges; seulement il ne faudrait pas que la proportion de sucre additionnée fût telle que le ferment naturel du moût fût insuffisant pour décomposer tout le sucre.

La qualité du vin, en effet, et la valeur des procédés de vinification que l'on met en œuvre, sont subordonnées à un rapport convenable des éléments principaux du moût, c'est-à-dire au rapport qui existe entre le sucre et le ferment, ou mieux entre le sucre et la matière azotée soluble qui est indispensable à la production du ferment.

(1) Ceci nous rappelle un fait curieux : Un fabricant de vin sans raisins, comme il y en a eu souvent à Paris, avait été condamné sur un rapport de Vauquelin. Le frelateur, furieux de cette condamnation, alla trouver l'illustre chimiste, et lui demander impertinemment d'après quels éléments il avait pu déclarer que son vin était factice. Vauquelin lui répondit, avec le flegme qui le caractérisait, que son vin était nécessairement artificiel, parcequ'il ne contenait pas de tartre. Merci, dit le contrefacteur, une autre fois j'en emploierai.

La prédominance de l'un de ces éléments a des inconvénients qui sont très connus et appréciés par les vignerons. La prédominance du sucre, ce qui ne se rencontre qu'accidentellement, laisserait du sucre indécomposé, comme cela arrive dans les vins de liqueur, quand le ferment est détruit. Le cas contraire laisserait dans le vin un excès de matière à ferment, qui réagirait ultérieurement comme ferment acétique, glaireux, etc., et qui priverait le vin de la propriété de se conserver.

Ce dernier défaut est le plus ordinaire des vins naturels; il est un écueil pour les vignerons et les commerçants en vins, qui n'arrivent à le combattre que par des collages, des soutirages réitérés.

La matière azotée soluble des raisins, qui se trouve dans tous les moûts spontanément fermentescibles, comme dans les moûts de bierre, est la matière première des ferments alcoolique, lactique, glaireux, acétique, etc. C'est elle encore qui, par des réactions dont la filiation est plus ou moins complexe, fournit les éléments de ces végétations cryptogamiques connues sous le nom de fleurs, mucors, mycodermes, moisissures, etc.

La tache des bouteilles dans les vins de Champagne est formée par du ferment alcoolique produit pendant la fermentation qui développe la mousse. La perfection du vin de Champagne exige qu'après le dégorgeage, c'est-à-dire après l'élimination du dépôt de lie ou ferment formé par la tache, le vin soit complétement dépouillé de matière à ferment; dans ces conditions, on peut impunément l'édulcorer : le vin ne peut plus fermenter, et il peut ainsi conserver la liqueur qu'on lui a donnée. Dans cette opération encore, qui est un véritable sucrage, où l'art supplée à l'insuffisance de la nature pour produire un vin liquoreux, l'expérience a dès long-temps enseigné aux vignerons champenois la supériorité du sucre de canne, quoiqu'on ait cherché à leur faire employer des glucoses de fécule. Ils se garderaient bien, en effet, d'employer une autre espèce de sucre, et ils tiennent tellement à la qualité du sucre de canne et à sa purification parfaite, c'est-à-dire à l'élimination de toute matière étrangère, qu'ils n'usent, pour édulcorer leurs vins, que du sucre candi blanc, qui est le type du sucre cristallisé, chimiquement pur.

Cette pratique des vignerons champenois est justifiée par des considérations de l'ordre de celles que nous avons émises pour justifier l'emploi exclusif des sucres raffinés pour le sucrage des vins secs. Le sucre de canne s'intervertit dans les vins mousseux, et il est alors identique par sa constitution avec les sucres qui existent dans les raisins. Ils ne modifient donc par eux-mêmes, en aucune manière, la saveur naturelle des vins. D'ailleurs le sucre cristallisé ne pourrait nuire au vin quand il ne s'intervertirait pas, car il conserverait alors une puissance édulcorante plus grande sans pouvoir fermenter.

Si l'on prenait pour règle du sucrage et du mouillage des vendanges les proportions de sucre et d'eau qui empêcheraient radicalement la précipitation du tartre, même dans les vendanges parfaites, il ne serait pas impossible d'augmenter de 15 à 25 p. 100 le volume des vendanges, et, par suite, la production du vin. Cette pratique, appliquée aux vins ordinaires qui sont le plus usuels, ne serait nuisible dans aucune circonstance ni à la santé ni à la bourse des consommateurs; dans les circonstances difficiles qui nous menacent, elle rendrait évidemment un immense service en offrant les moyens de réparer en partie et économiquement le grand vide produit par la rareté des vins dans les vignobles (1).

(1) On ne peut douter que l'excès de ferment ne soit le défaut des vins de chaudière du Languedoc, qui sont d'une conservation tellement difficile, que la chaudière est le plus souvent la seule ressource offerte aux vignerons pour en tirer parti. On trouvera étrange, sans doute, une pareille assertion pour des vins de raisins mûris sous un beau ciel; cependant rien n'est plus exact. Les vins du Languedoc destinés à la chaudière sont produits presque exclusivement avec le terret et l'aramon, que l'on cultive dans des sols féconds, bien préparés et fumés. Il n'est pas rare que ces vignobles produisent jusqu'à 3 ou 400 hectolitres de vin par hectare, tandis que les pineaux en Bourgogne ne produisent en moyenne que 15 à 20 hectolitres. Le vin de Béziers atteint rarement une richesse de plus de 11 à 12 centièmes d'alcool, et le plus souvent cette richesse n'excède pas 10. Dans le cas ci-dessus, et en admettant une récolte de 350 hectolitres de vin par hectare, le produit en alcool pur serait de 3,500 litres, produit énorme qui a fait la fortune du vigneron languedocien, et qui l'a poussé à remplacer partout les cultures des céréales par des vignes. La grande production alcoolique des vins du Languedoc ne vient donc pas, comme on pourrait le supposer, de la grande richesse du vin, mais bien de l'excessive fécondité du sol et des cépages cultivés.

Il est facile de comprendre, après ces explications, que les moûts de l'aramon et du terret fournissent en Languedoc des vins dans lesquels se trouve un grand excès de ferment sur le sucre, et par conséquent un principe d'altération très énergique. Le sucrage avec addition d'eau offrirait évidemment un moyen précieux pour corriger immédiatement le défaut de ces vins, pour les rendre conservables et les faire pénétrer en nature dans la consommation comme vins communs.

Des travaux dirigés dans ce sens n'offriraient aucun danger, aucune difficulté, et ils peuvent conduire immédiatement le Languedoc à pallier le fléau de l'oïdium et à trouver dans l'amélioration de ses vins une modique indemnité de la distillation qui l'abandonne. Ces essais offriraient en même temps un haut caractère d'utilité publique, en rendant à la boisson des produits dont elle est déshéritée depuis long-temps.

Les observations que nous venons de faire sur les grands produits des terres du Languedoc nous fournissent l'occasion de pu-

Une pareille pratique équivaudrait à un vin de sucre
additionné au vin de raisin; son prix de revient pour

blier des réflexions que nous avons faites dès long-temps sur la
culture perfectionnée.

Cette culture en effet, telle qu'on l'envisage généralement, consiste moins dans la recherche des moyens d'obtenir du sol les meilleurs produits que d'en obtenir les plus grands produits, et, par
une conséquence presque inévitable, qui ne se révèle que dans
des cas spéciaux, les grands produits sont souvent obtenus au détriment de la qualité de ces produits.

Il est d'observation positive, en effet, que les fumiers, qui sont
l'un des grands moyens de la culture perfectionnée, augmentent
prodigieusement la quantité des récoltes. Pour la vigne, pour la
betterave à sucre, les fumiers altèrent évidemment les qualités du
raisin et de la betterave considérés comme matières premières de
la fabrication du vin et du sucre. Telles sont les considérations
qui ont justifié l'art. 1er de la décision du congrès de vignerons de
Dijon qui a décrété la proscription des engrais azotés. Ce sont encore ces considérations qui proscrivent les fumures directes sur
les terres assolées dans les années d'emblavement en betteraves à
sucre. Maintenant, ce qui est vrai pour les raisins et les betteraves à sucre ne le serait-il pas pour toutes les autres récoltes?
et les récoltes de céréales, de graines oléagineuses, des fourrages
eux-mêmes, etc., surexcitées par l'emploi des engrais, ne se-
raient-elles pas inférieures pour certaines qualités à celles qui
ont été produites sans surexcitation? Ce sont des questions
qu'il serait important d'examiner expérimentalement, et qui
conduiraient peut-être à des observations fécondes. Nous croyons
en effet à la possibilité de combattre utilement, soit par le choix
des engrais, soit par l'addition d'amendements convenablement
choisis, les inconvénients reconnus aux fumiers abondants pour
la vigne et pour la betterave; si notre foi sur ce point n'est point
dépourvue de fondement, elle couvrirait une grande découverte
qui reste encore à faire dans l'économie agricole. Dès long-temps
on a reconnu l'utilité du marnage, dès long-temps on a reconnu
le rôle utile du calcaire dans les terres à vignes, dès long-temps
encore nous avons signalé le rôle utile de ce même calcaire pour la
production de la betterave à sucre : des influences pareilles ou
analogues doivent exister pour tous les produits agricoles, et il s'a-
girait de les constater par des expériences exactes pour en tirer
d'utiles enseignements.

un vin riche à 10 centièmes d'alcool pur serait de 75 fr.
par pièce de vin de sucre pur, préparé avec du sucre
frappé de droit ; ce prix serait de 45 fr. avec du sucre
franc d'impôts. Les cours actuels des vins de bouche
autoriseraient donc un pareil travail.

Cette pratique, bien supérieure au vinage à l'alcool,
n'aurait aucun des inconvénients de ce vinage.

En effet, le vinage à l'alcool effectué sur des vins
fins et complets a pour effet immédiat d'éliminer plus
profondément l'un des éléments habituels du vin (le tartre), et, par suite, le principe colorant qu'il entraîne.

Bien différent du sucrage, qui use le ferment, qui l'é-
limine, et qui assure ainsi la conservation des vins par
une double fonction, le vinage augmente la richesse
alcoolique par un produit souvent modifié par la distillation, et doué d'une saveur variable avec son origine ;
mais il n'assure nullement leur conservation contre l'action destructive du ferment, qu'il n'a pu éliminer.

L'utilité économique de ce vinage, pratiqué surtout
dans le Midi, avait pour but d'offrir un débouché aux
alcools dépréciés, et de donner aux vins une alcoolisation exagérée qui les rendait exclusivement propres
aux mélanges que le commerce du Nord et de l'intérieur pratique sur une grande échelle.

Les vins vinés, on ne le sait que trop, servent de
base à une opération de mélanges qui, dans les villes
comme Paris, est fort lucrative pour les hommes qui la
pratiquent, et, par contre, fort préjudiciable au fisc.
Ils permettent, en effet, de doubler le volume du vin
avec de l'eau, et d'enlever ainsi au fisc, par une ma-
nipulation simple et sans insalubrité, la moitié du produit légitime qu'il a le droit de prélever.

Le sucrage opéré au vignoble avec addition d'eau

n'aurait pas cet inconvénient pour le trésor, parcequ'il ne pourrait, comme le vinage, exagérer outre mesure la richesse alcoolique. Il ferait connaître officiellement et prendre en charge le volume augmenté, sur lequel l'administration trouverait une large compensation de la franchise accordée sur le sucre mis en œuvre.

Quant à la qualité du vin ainsi préparé, si elle doit différer sous certains rapports et par certains éléments du vin normal, elle s'en rapprocherait plus que dans les vins vinés, par ses éléments principaux, l'alcool, le tartre et le principe colorant, et par suite le bouquet (1). Le marc, en effet, serait mieux dépouillé de

(1) On sait, en effet, que le tartre et les autres sels acides des vins contribuent à produire ce parfum qui se développe dans les vins, et que quelques chimistes attribuent particulièrement à l'é-ther œnanthique. Selon M. Delarue, le titre acide des grands vins de la Côte-d'Or différerait peu. Selon les nombres publiés par M. Bouchardat, les proportions d'acides organiques des divers cépages cultivés en basse Bourgogne varieraient dans le rapport de 1 à 3, comme celui des bases qu'ils saturent, et le sucre s'y trouverait précisément dans le même rapport, mais inverse. Il se passe là, sans doute, des faits de maturité analogues à ceux que nous avons observés dans la betterave, c'est-à-dire qu'à partir de certaine époque de la végétation, le sucre seul apparaît et se développe, à l'exclusion des autres éléments organiques.

On peut constater le titre acide des moûts et des vins avec une liqueur alcalimétrique titrée et une burette ; c'est ainsi que nous avons reconnu que des vins de diverses origines titraient depuis l'équivalent de 3 grammes acide sulfurique monohydraté par litre jusqu'à 7 grammes. Les vins de Bordeaux fins et les vins de chaudière du Languedoc occupent le dernier rang pour le titre acide; les gros vins communs du Cher, riches à 7 centièmes d'alcool seulement, occupent le premier rang comme titre acide.

Le titre acide des vendanges, tant à cause du rôle qu'il joue dans la saveur des vins que par son influence sur le développement plus ou moins rapide du bouquet, serait peut-être l'une des bases les plus faciles à prendre pour la détermination de la proportion de sucre et d'eau à ajouter à la vendange. Cette base autoriserait

tous ses principes par une production d'alcool plus grande et par le mouillage que le sucrage additionnel aurait nécessité.

On comprend la possibilité d'arriver à réparer, par les ressources de l'agriculture et de la chimie, toutes les imperfections des mauvaises vendanges ; et il n'est pas jusqu'au principe du ferment qui, s'il faisait défaut, ne puisse être suppléé par l'art, puisque les moûts de grains qui servent de base à la brasserie offrent une source presque inépuisable de cette substance. Cependant, nous devons nous arrêter ici. Il serait à craindre, en effet, que les détracteurs systématiques des progrès dont les arts empruntent les éléments aux sciences ne trouvent dans cette complication de manipulations à faire subir aux vins un nouveau prétexte de croisades et d'invectives contre les sciences et contre les savants.

La science appliquée, qui a fourni aux hommes de notre époque ces éléments prodigieux de progrès et de bien-être dont nous sommes les témoins privilégiés, fournit aussi aux spéculateurs avides des moyens d'exploiter la société à leur profit ; et, dans ces spéculations peu respectables, les intérêts et la santé des consommateurs ne sont même pas toujours respectés.

La science elle-même, dans ses évolutions progressives, n'est pas exempte d'erreurs, et le sucrage

un sucrage plus profond et une addition d'eau plus grande dans les années de maturité insuffisantes ; il en serait de même des vendanges ordinaires et communes. Par conséquent, avec cette base la méthode en question ne serait praticable rationnellement pour les vins nobles que dans les années où la vendange manque de maturité ; on remonterait alors le titre sucre, et l'on rabattrait avec de l'eau le titre acide au niveau des bonnes années. L'emploi de l'alcalimètre suffirait pour ces déterminations pratiques.

des vins nous en a fourni un triste et éclatant exemple. Cependant il serait d'un mauvais esprit d'argumenter de l'impuissance, des revers ou de l'abus des ressources scientifiques, pour les condamner d'une manière absolue. La décision des vignerons de Dijon est de cet ordre; l'arbre portait une plaie guérissable, on a voulu le couper dans sa racine; le sucrage a été l'objet de pratiques fausses et abusives, quand il pouvait être la source de pratiques utiles et productives: on l'a proscrit ou au moins on a voulu le proscrire.

Telle est cependant la puissance des bonnes choses, comme celle des vérités utiles, qu'elles finissent toujours par triompher de l'erreur et des résistances impuissantes. Le sucrage, nonobstant l'éclatante et puissante décision du congrès des vignerons de Dijon, n'est pas mort en Bourgogne, on n'a pas cessé de le pratiquer depuis 1846; mais la décision et les discussions du congrès auront porté leurs fruits, en ce sens qu'elles auront circonscrit le sucrage dans des limites plus rationnelles, en même temps qu'elles auront écarté les abus dont il avait été l'objet. Ainsi nous croyons savoir qu'on a instinctivement restreint l'usage des sucres de fécule, qu'on a fait une part plus large aux sucres de canne, et qu'on a évité l'emploi du sucrage dans les vins nobles, pour toutes les années qui n'ont pas requis rationnellement cette pratique.

Si maintenant, au point de vue de la consommation du sucre, on examine l'importance que le sucrage des vins pourrait donner à cette consommation, on arrive à des chiffres énormes. Ainsi, dans une année mauvaise, c'est-à-dire de maturité incomplète, le sucrage, porté en moyenne à 3 pour 100 d'alcool par chaque hectolitre de vin, donnerait pour notre production normale de 40 millions d'hectolitres une consommation de plus de 200 millions de kilogrammes de sucre. Cette consommation, pratiquée avec accroissement de volume, pourrait facilement doubler.

Le sucrage en franchise, généralisé et pratiqué tous les ans dans les vignobles qui le comportent, c'est-à-dire pour améliorer les vins ordinaires et les vins communs, pourrait, sans exagération, amener une consommation de 40 à 50 millions de kilogrammes, consommation qui, dans les années mauvaises, s'élèverait facilement à 80 ou 100 millions de kilogrammes.

Si l'on considère l'énormité de ces chiffres et les avantages qui en résulteraient pour notre industrie sucrière, pour nos colonies, pour notre commerce et pour notre agriculture, on comprendra tout ce qu'il y a d'avenir dans des pratiques industrielles qui ne demandent, pour être mises en œuvre, que la protection de l'administration et le concours des vignerons.

Sur 40 millions d'hectolitres de vin que produit bon an mal an notre sol, 10 millions au moins sont livrés aux flammes pour la production de l'alcool, et plus de 1 million est exporté. Il reste donc pour la consommation de notre population, après le prélèvement du vinaigre, environ 25 à 26 millions d'hectolitres de vins de diverses qualités, ce qui représente à peu près trois quarts d'hectolitre de vin par tête et par an, quantité véritablement insuffisante à nos besoins de boissons fermentées, ce qui nous force à suppléer au déficit par les cidres, les poirés, la bierre et autres boissons, qui n'ont qu'à un moindre degré les fonctions hygiéniques et réparatrices du vin.

Il y a des hommes, et il y en avait au moins deux dans le congrès des vignerons de Dijon (1), chez lesquels il existe une antipathie radicale pour tout ce qui est changement dans les habitudes et dans les procédés de l'industrie, surtout en ce qui touche aux produits alimentaires ; ils s'écriraient volontiers avec le philosophe de Genève : *Tout est bien sortant des mains du Créateur, tout se dégrade aux mains de l'homme;* et ils iraient brouter l'herbe de la forêt et boire l'eau de la fontaine pour témoigner de leur respect pour le Créateur et de leur dégoût pour les produits de la science. Cependant le vin, le pain et toutes les préparations culinaires, si salement préparés par une véritable chimie sans formules, par une véritable science à la façon de M. Jourdain, ces produits, disons-nous, ont trouvé grâce devant eux, parceque les vignerons, les boulangers, les cuisiniers, ne sont pas diplomés, chimistes, physiciens et naturalistes. Que dirait-on cependant d'un savant pur qui, de nos jours, inventant le vin, imposerait un procédé de préparation qui en fait un véritable bain de pieds dégoûtant ? Cette pratique soulèverait une juste répulsion; mais qu'elle nous vienne avec le blason d'une vieille routine, on la justifiera et on lui découvrira des propriétés utiles pour en perpétuer l'usage.

Parmi ces hommes on rencontre à regret le comte Odart, ancien élève de l'école polytechnique sous Berthollet, Monge, Fourcroy, Chaptal, créateur de la belle collection des *Cépages de la Dorée*, auteur de l'*Ampélographie* et du *Manuel du vigneron*, qui portent son nom.

Le comte Odart est incontestablement un savant fort

(1) MM. Odart et L. Leclerc.

distingué, digne de ce titre par son instruction, par ses travaux, par ses écrits. Ses profondes connaissances en viticulture, en œnologie. donnent à son opinion en ces matières une juste autorité, et c'est à ces titres, sans doute, que les membres des divers congrès l'ont investi de la plus haute distinction qu'ils pouvaient lui donner, le titre de leur président honoraire.

Le comte Odart, fort de sa supériorité comme viticulteur et œnologue praticien, fait dans ses publications bon marché de ses titres de savant, et toutes ses insinuations, toutes ses tendances, tous ses efforts, se concentrent dans ce cercle étroit, d'attribuer aux praticiens viticulteurs et œnologues une valeur réelle, à l'exclusion de toutes les élucubrations de la science et des savants de profession.

Si l'illustre auteur de l'Ampélographie s'était borné à flétrir le charlatanisme qui, sous l'égide de la science, exploite la crédulité publique au grand détriment de cette science et des industriels ; s'il s'était borné à proclamer pour les vignerons praticiens les justes titres qu'ils possèdent à la reconnaissance publique et à l'estime des savants eux-mêmes, M. le comte Odart n'eût fait que des actes respectables qui lui eussent assuré la sympathie de tout ce qui porte un cœur juste et honnête. Mais, nous le déclarons à regret, on éprouve du dégoût à trouver, au milieu des publications précieuses du comte Odart, des attaques incessantes contre les sciences, contre les savants ; les noms les plus honorables ne trouvent pas même grâce devant les déclamations passionnées de l'écrivain. Est-il possible, en effet, d'attaquer avec plus d'inconvenance et d'ingratitude qu'il l'a fait la mémoire de son ancien professeur Fourcroy. (*Manuel*, p. 21 de l'introduction.)

M. le comte Odart, enveloppant dans une même critique amère les savants qui se sont occupés d'œnologie et leurs travaux plus ou moins heureux, a fait le procès au sucrage, qu'il a trouvé naturellement sur sa route, dans son *Manuel du vigneron* et dans son *Ampélographie*. Les fautes des vignerons de la Côte-d'Or ont fourni une large prise à ses attaques, et une sorte de justification de ses critiques. Aussi l'on doit croire que, nonobstant l'abstention du comte Odart dans les délibérations du congrès des vignerons, son opinion, qui était faite et écrite avant la session de 1845, a exercé une grande influence sur la décision du congrès qui a décrété la suppression du sucrage.

Nous considérons ce décret comme une grande faute, nous en considérons les bases comme une grande erreur ; nous en appelons au jugement des savants et à l'expérience des vignerons.

M. Chevreul, dans un rapport fort remarquable sur l'Ampélographie du comte Odart, a consigné sur le sucrage et le vinage des vins une opinion motivée qui porte le cachet de précision, de savoir et de tact exquis qui caractérisent tous les travaux de ce savant. Nous croirions avoir rempli notre mission d'une manière incomplète si nous omettions de consigner ici le jugement de M. Chevreul. Si ce jugement formule des conclusions défavorables au sucrage, on remarquera qu'elles ne s'appliquent particulièrement qu'aux vins qui sont l'objet d'un grand commerce extérieur, et qui avaient été discrédités à l'étranger par des pratiques de sucrage abusives.

« Nous nous sommes abstenus de parler des influen-
» ces que les circonstances extérieures peuvent avoir
» sur les différents cépages, par la raison que l'étude

» de cette influence est du ressort de la question de sa-
» voir si les variétés des plantes cultivées dégénèrent,
» sur laquelle nous reviendrons d'une manière spéciale.
» Mais, avant de quitter la plume, nous sentons le be-
» soin d'exprimer quelques réflexions relatives aux in-
» convénients de plusieurs pratiques concernant l'art de
» faire le vin : nous voulons parler de l'addition du glu-
» cose ou de la mélasse au moût de raisin, ou bien de
» l'addition de l'eau-de-vie à un moût fermenté qu'on
» trouve trop pauvre d'alcool. Si ces additions n'ont
» pas d'inconvénient grave lorsqu'il s'agit des vins
» d'ordinaire destinés à être consommés en France, et
» encore lorsque les raisins qui les donnent n'ont pu
» parvenir à la maturité, il n'en est plus de même s'il
» s'agit de vins de prix recherchés par les étrangers à
» cause de qualités connues depuis long-temps pour
» leur appartenir essentiellement et les distinguer de
» tous les autres.

» Les propriétés caractéristiques qui ne permettent
» pas de confondre ensemble les différentes sortes de
» vins tiennent à la préparation et plus encore à la com-
» position chimique du raisin, lequel est le résultat dé-
» finitif de la nature du cépage, de sa culture, du sol
» et du climat du vignoble où ce cépage est cultivé.
» Si tous les vins renferment de l'eau, de l'alcool, de
» l'acide acétique, du bitartrate ou du biracémate de
» potasse, presque tous de l'acide carbonique et de l'é-
» ther œnanthique, plusieurs une matière astringente,
» du glucose, un sel de fer ; et si, l'eau exceptée, tous
» ces principes agissent sur les organes du goût et
» de l'odorat, savoir : la matière astringente et le glu-
» cose exclusivement sur le goût, et les autres princi-
» pes à la fois sur le goût et l'odorat ; et si, d'après

» cela, on conçoit que les vins pourront différer les uns
» d'avec les autres par la présence ou l'absence de l'un
» de ces principes, ou par les proportions variables où
» les mêmes principes s'y trouveront respectivement,
» cependant l'observation nous apprend que nos con-
» naissances actuelles sont insuffisantes pour expliquer
» tous les phénomènes que les divers vins présentent.
» L'insuffisance de la science porte à la fois sur l'im-
» possibilité de dire maintenant la raison d'une prati-
» que plutôt que d'une autre dans la préparation d'un
» certain vin, et sur l'ignorance où nous sommes en-
» core de la nature de principes que l'analyse n'a point
» obtenus à l'état de pureté soit du moût, soit de la
» liqueur fermentée qui en provient. La science est
» donc muette lorsqu'il s'agit de parler de l'influence
» précise que certains corps, et particulièrement des
» corps sapides et odorants, exercent pour nous faire
» distinguer les vins où ils se trouvent de ceux qui
» n'en contiennent pas ; et cependant les effets de ces
» corps sont connus de tout consommateur capable de
» juger de la délicatesse des vins. Puisque nous igno-
» rons si ces principes préexistent dans le moût à l'état
» latent, comme les acides du beurre dans le lait, ou
» s'ils se développent, à la manière de l'alcool, aux
» dépens des éléments de quelques corps connus ou
» inconnus, la science actuelle est incapable de faire un
» vin d'une qualité donnée avec un moût quelconque
» auquel on ajouterait ou duquel on retrancherait cer-
» taines matières. Dans cet état de choses, qu'arrive-
» t-il lorsqu'on ajoute du sucre à du moût, ou de l'eau-
» de-vie au vin? C'est en définitif, dans les deux cas,
» augmenter la proportion de l'alcool, et, comme ce-
» lui-ci existe dans toutes les liqueurs vineuses, c'est

» tendre à confondre toutes les sortes de vins en une
» seule, en affaiblissant ainsi l'influence des corps qui
» donnent à chacune d'elles un caractère distinct.

» En ayant égard à ces considérations, on doit faci-
» lement concevoir maintenant combien les pratiques
» dont nous parlons pourraient nuire un jour à l'ex-
» portation de nos meilleurs vins. Evidemment ceux-
» ci, en perdant leurs caractères distinctifs, cesseraient
» d'être recherchés, en même temps qu'ils devien-
» draient plus faciles à imiter par tous les peuples inté-
» ressés à nous faire concurrence sur les marchés
» étrangers. C'est ce que M. le comte Odart a parfai-
» tement senti; aussi ne défendrons-nous pas certains
» savants qui par leurs écrits, ont contribué à répan-
» dre l'usage des pratiques que nous condamnons dans
» l'intérêt de notre commerce extérieur, des repro-
» ches que leur adresse l'auteur de l'*Ampélographie*,
» et la force nous manque-t-elle pour blâmer ce que ces
» reproches peuvent avoir quelquefois de trop sévère
» dans l'expression. »

PIÈCES RELATIVES AU SUCRAGE.

PIÈCE A. — *Expériences et opinion de Macquer sur le sucrage.*

Au mois d'octobre 1776, je me suis procuré assez de raisins blancs, *pinot et mélier*, d'un jardin de Paris, pour faire vingt-cinq à trente pintes de vin. C'était du raisin de rebut ; je l'avais choisi exprès dans un si mauvais état de maturité, qu'on ne pouvait espérer d'en faire un vin potable ; il y en avait près de la moitié dont une partie des grains et des grappes entières étaient si verts, qu'on n'en pouvait supporter l'aigreur. Sans aucune précaution que celle de séparer tout ce qu'il y avait de pourri, j'ai fait écraser le reste avec les rafles, et exprimer le jus à la main ; le moût qui en est sorti était très trouble, d'une couleur vert sale, d'une saveur aigre-douce, où l'acide dominait telle-ment qu'il faisait faire la grimace à ceux qui en goûtaient. J'ai fait dis-soudre dans ce moût assez de sucre brut pour lui donner la saveur

d'un vin doux assez bon ; et sans chaudière, sans entonnoir, sans four-
neau, je l'ai mis dans un tonneau, dans une salle au fond d'un jardin,
où il a été abandonné. La fermentation s'y est établie dans la troisiè-
me journée, et s'y est soutenue pendant huit jours d'une manière assez
sensible, mais pourtant fort modérée. Elle s'est apaisée d'elle-même
apres ce temps.

Le vin qui en est résulté étant tout nouvellement fait et encore trouble, avait une odeur vineuse assez vive et assez piquante ; sa saveur
avait quelque chose d'un peu revêche, attendu que celle du sucre
avait disparu aussi complétement que s'il n'y en avait jamais eu. Je
l'ai laissé passer l'hiver dans son tonneau, et l'ayant examiné au mois
de mars, j'ai trouvé que, sans avoir été soutiré ni collé, il était de-
venu clair ; sa saveur, quoique encore assez vive et assez piquante,
était pourtant beaucoup plus agréable qu'immédiatement après la fermentation sensible ; elle avait quelque chose de plus doux et de plus
moelleux, et n'était mêlée néanmoins de rien qui rapprochât du sucre.
J'ai fait mettre alors ce vin en bouteilles, et l'ayant examiné au mois
d'octobre 1777, j'ai trouvé qu'il était clair, fin, très brillant, agréable
au goût, généreux et chaud, en un mot tel qu'un bon vin blanc de
pur raisin, qui n'a rien de liquoreux, et provenant d'un bon vignoble
dans une bonne année. Plusieurs connaisseurs auxquels j'en ai fait
goûter en ont porté le même jugement, et ne pouvaient croire qu'il
provenait de raisins verts dont on eût corrigé le moût avec du sucre.

Ce succès, qui avait passé mes espérances, m'a engagé à faire une
nouvelle expérience du même genre, et encore plus décisive par l'extrême verdeur et la mauvaise qualité du raisin que j'y ai employé.

Le 6 novembre de l'année 1777, j'ai fait cueillir de dessus un berceau, dans un jardin de Paris, de l'espèce de gros raisin qui ne mû-
rit jamais bien dans ce climat-ci, et que nous ne connaissons que sous
le nom de verjus, parcequ'on n'en fait guère d'autre usage que d'en
exprimer le jus avant qu'il soit tourné, pour l'employer à la cuisine
en qualité d'assaisonnement acide. Celui dont il s'agit commençait à
peine à tourner, quoique la saison fût fort avancée, et il avait été
abandonné sur son berceau, comme sans espérance qu'il pût acquérir
assez de maturité pour être mangeable. Il était encore si dur, que j'ai
pris le parti de le faire crever sur le feu, pour pouvoir en tirer plus de
jus ; il m'en a fourni huit à neuf pintes.

Ce jus avait une saveur très acide, dans laquelle on distinguait à
peine une très légère saveur sucrée.

J'y ai fait dissoudre la cassonnade la plus commune jusqu'à ce qu'il
me parût bien sucré ; il m'en a fallu beaucoup plus que pour le vin de
l'expérience précédente, parceque l'acidité de ce dernier moût était
beaucoup plus forte. Après la dissolution de ce sucre, la saveur de la

liqueur, quoique très sucrée, n'avait rien de flatteur, parceque le doux et l'aigre s'y faisaient sentir assez vivement et séparément d'une manière désagréable.

J'ai mis cette espèce de moût dans une cruche qui n'en était pas tout à fait pleine, couverte d'un simple linge, et, la saison étant déjà très froide, je l'ai placé dans une salle où la chaleur était presque toujours maintenue de 12 à 13 degrés par le moyen d'un poêle.

Quatre jours après, la fermentation n'était pas encore bien sensible, la liqueur me paraissait tout aussi sucrée et tout aussi acide; mais, ces deux saveurs commençant à être mieux combinées, il en résultait un tout plus agréable au goût.

Le 14 novembre, la fermentation était dans sa force; une bougie allumée introduite dans le vide de la cruche s'y éteignait aussitôt.

Le 30, la fermentation sensible était entièrement cessée; la bougie ne s'éteignait plus dans l'intérieur de la cruche. Le vin qui en avait résulté était néanmoins très trouble et blanchâtre; sa saveur n'avait presque plus rien de sucré; elle était vive, piquante, assez agréable, comme celle d'un vin généreux et chaud, mais un peu gazeux et un peu vert.

J'ai bouché la cruche, et l'ai mise dans un lieu frais pour que le vin achevât de s'y perfectionner par la fermentation, insensible pendant tout l'hiver.

Enfin, le 7 mars dernier 1778, ayant examiné ce vin, je l'ai trouvé presque totalement éclairci. Son reste de saveur sucrée avait totalement disparu, ainsi que son acidité; c'était celle d'un vin de pur raisin, assez fort, ne manquant pas d'agrément, mais sans aucun parfum ni bouquet, parceque le raisin que nous nommons verjus n'a point du tout de principe odorant ou d'esprit recteur. A cela près, ce vin, qui est tout nouveau, et qui a encore à gagner par la fermentation que je nomme insensible, promet de devenir généreux, moelleux et agréable.

Ces expériences me paraissent prouver avec évidence que le meilleur moyen de remédier au défaut de maturité des raisins est de suivre ce que la nature nous indique, c'est-à-dire d'introduire dans leur moût la quantité de principe sucré nécessaire et qu'elle n'a pu leur donner. Ce moyen est d'autant plus praticable, que non seulement le sucre, mais encore le miel, la mélasse et toute autre matière saccharine d'un moindre prix, peuvent produire le même effet, pourvu qu'elles n'aient point des saveurs accessoires désagréables qui ne puissent être détruites par une bonne fermentation.

Pièces B. — *Opinions émises au Congrès des vignerons de Dijon sur le sucrage des vins.*

« Nous nous proposions d'abord de ne donner que des analyses de
» ces intéressantes discussions ; mais, comme on aurait pu nous accu-
» ser d'affaiblir les arguments des uns ou de mettre trop en relief les
» arguments des autres pour les besoins de notre cause, nous avons
» préféré publier dans leur entier les discussions du Congrès, telles
» qu'elles se trouvent consignées dans la publication officielle de ce
» corps savant. Il est bien entendu qu'en faisant cette publication nous
» n'acceptons pas la responsabilité des faits scientifiques ou indus-
» triels qu'elle renferme, cette responsabilité appartenant aux auteurs
» qui les ont énoncés. »

Dubrunfaut.

Opinion de M. Isidore Roze, secrétaire du Comice de Tonnerre.

A défaut de MM. Jolivot, Siraudin, Berthier de Viviers et Quignard, membres distingués de notre Société d'agriculture et d'industrie, et délégués par elle près de vous, mais empêchés par des raisons d'affaires ou de santé, je viens me réunir à M. Lecourt de Béru, et vous offrir le faible tribut de quelques observations sur les causes et les conséquences de l'introduction du sucre et de l'alcool dans les vins, et sur notre vinification particulière.

Pour ma part, je remercie nos collègues MM. Mollerat, Varembey, Delamotte, Delarue et Bonnet, de leurs dissertations lumineuses sur l'action des substances introduites dans le moût, leurs résultats aux différents âges du vin, et leurs effets digestifs ou hygiéniques.

Ennemi des mélanges et de tout ce qui peut altérer la pureté des meilleurs fruits de la vigne, je ne prends pas cependant dans un sens absolu votre condamnation du sucrage, voire même de l'alcoolisation, et je pense que vous permettez d'améliorer un produit inférieur, de suppléer à ce que la nature n'a pas fait, à ce qu'elle a été empêchée de faire par des intempéries.

L'excellence de l'art ne consiste-t-il pas dans l'imitation de cette nature en ce qu'elle a de bon ?

Or, dans une année où la maturité est incomplète, le raisin attaqué de pourri, de moisi, la vendange mouillée, quand la fermentation, que vous voulez prompte et décisive, est paresseuse, inerte, menace de devenir acescente, putride, vous ne défendrez pas à l'art, à la science, de venir à son secours, de l'aider, de l'activer, d'enlever au moût ce qui peut lui nuire, de lui donner ce qui lui manque, ou au moins partie de ce qui lui manque : car leur puissance ne va pas à faire aussi bien que la nature; ce serait arriver à la perfection de son auteur.

Un habile œnologue du Tonnerrois, feu M. Léorrier, l'un des fondateurs les plus éclairés de notre Société, a suivi plusieurs années, en les observant et notant attentivement, les particularités de la vendange et de la fermentation à l'air libre et à cuve close simultanément (il a préféré le dernier procédé, dès long-temps usité par nos pères, et continué parmi nous).

Il a expérimenté avec succès, sur des récoltes inférieures ou faites dans des conditions défavorables, le plâtre, la chaux, le noir animal, le sucre, comme absorbants des parties aqueuses, putrescentes, hétérogènes, ou comme fortifiants de la liqueur.

Ces pratiques, quoique imitées, présentent néanmoins peu d'intérêt chez nous; mais dans d'autres vignobles elles peuvent en avoir davantage.

Ce qu'on trouve de mieux à faire dans le Tonnerrois, où dominent surtout les pineaux noirs et blancs (comme on le voit au tableau synoptique du vignoble dressé par le Congrès, établi sur la statistique de M. Despréaux), c'est de donner beaucoup de soins à la vendange, de mettre de côté pour les piquettes tout raisin vert, pourri ou altéré par une cause quelconque; de choisir le fruit le plus sain, de l'égrapper au tiers, à moitié ou au trois quarts, selon le plus ou le moins de maturité, de le triturer par le foulage, de le couvrir, en activant la fermentation, dans les années froides, par du moût chaud, parfois sucré; puis, quand la liqueur disparaît, quand le chapeau descend et le moût se refroidit, de tirer et pressurer.

La plupart, et surtout vignerons et tonneliers, égrappent peu, foulent et refoulent jusqu'à complet refroidissement, tirent ferme, à la recommandation du commissionnaire et sous l'empire du préjugé, que, fait ainsi, le vin se conserve mieux. Cette dureté, plus sensible dans les crus où règne le *lombard* ou gros plant, très estimable d'ailleurs, appelé le *médecin des cuves*, et qui affecte les qualités du Bordeaux, est heureusement adoucie par le mélange du Beaunois. Tirés plus tendres, ces produits mélangés font les ordinaires les plus agréables. Tirés de même, encore chauds et en liqueur, les vins fins sont plus moelleux, plus légers, plus delicats, et ne se gardent que mieux. Telles sont les qualités de nos vins gris, faits sans pressurage, après 24 heures de cuve.

En bonne année, arrière le sucrage, auxiliaire admissible et peut-être nécessaire en d'autres vignobles, mais employé seulement comme remède dans le nôtre pour les cas désespérés, afin de rendre potable et marchand ce qui, sans cela, ne l'aurait pas été.

Ne craignons pas que de telles additions, faites avec discernement et prudence, nuisent à notre réputation, qui s'établit seulement sur les grandes années, où les vins se classent et prennent chacun le rang qui leur appartient. Alors c'est folie de vouloir améliorer la perfection.

On l'a tenté cependant; on a augmenté la vinosité, la couleur et le corps, aux dépens de la finesse, de la limpidité et du bouquet; la fraude s'est efforcée, par des moyens factices, d'élever des crus inférieurs à la hauteur des premiers crus, qui précisément s'abaissèrent à leur niveau par les mêmes moyens. L'antique renom de la Bourgogne en a été sensiblement affecté. C'est aussi le mal de la Champagne, par l'emploi de vins faibles mis en mousseux à l'aide du sucre et de l'eau-de-vie.

La Commission de Beaune, dont nous entretiendra l'honorable M. Poulet, composée des premiers négociants et propriétaires de cette ville, a fait acte de sagesse et de patriotisme en proscrivant ces *procédés*. Puisse-t-elle prévenir le retour du mal, et borner la chimie à la bonne conduite, à la conservation de nos vins, à l'expression naïve de leurs qualités !

D'où vient cette épidémie qui a terni les plus beaux fleurons de nôtre couronne ? Du commerce ? Il n'est que l'intermédiaire souvent aveugle du producteur trop docile et du consommateur plus grossier, ou des exigences de bon marché, de la vanité qui veut du velours, fût-il de coton au lieu de soie, qui veut du chambertin la vigueur, la couleur et l'étiquette (1).

Opinion de M. Mollerat.

Demeurant à Paris en 1797, dit le savant chimiste, j'eus l'occasion de m'occuper de vins, et surtout de la fermentation en général; sans être chimiste, j'étais, par mes relations de société, en contact avec tous les savants de cette époque.

La question des vins, celle de la fermentation, étaient souvent agitées; j'appris qu'on pouvait, dans les mauvaises années, suppléer à la pauvreté du moût par du sucre.

Je fis part de ce système à mes frères, propriétaires de quelques grands crus à Nuits. On écouta mes conseils, et l'on s'en trouva bien tant que l'on voulut se maintenir dans de justes proportions. De proche en proche on nous imita ; mais un peu plus tard le prix excessif du sucre en fit restreindre l'usage. Je crus pouvoir le remplacer en ajou-

(1) C'est un partisan du sucrage qui s'exprime ainsi : on voit donc que les griefs de M. Roze s'appliquent uniquement à l'abus du procédé.

DUBRUNFAUT.

tant de l'alcool dans les vins ; mais les mauvais résultats obtenus m'en firent abandonner l'usage.

En effet, l'alcool, mis dans le tonneau, précipite le ferment dissous par les acides végétaux contenus dans le vin ; mis dans la cuve, il arrête la fermentation par le même motif. Puis on remarqua que ces vins ainsi additionnés se décoloraient promptement, vieillissaient plus vite que ceux qui n'avaient point reçu d'alcool.

J'avais alors acquis les connaissances chimiques nécessaires pour pouvoir créer la manufacture de Pouilly ; j'avais fini mes recherches sur l'acide acétique : cette étude m'avait conduit naturellement à examiner complétement la fermentation alcoolique. Forcé d'abandonner le sucre de canne et l'alcool pour enrichir les moûts trop pauvres, je crus devoir rechercher si la nature ne pouvait pas produire un sucre identique à celui de raisin.

J'avais eu occasion de connaître certain produit de la pomme de terre et le sucre que donnait sa fécule. En 1819, j'examinai ce produit avec cette pensée : faire le sucre de pomme de terre avec toutes les conditions nécessaires et favorables pour le rendre identique au sucre de raisin.

Tous les auteurs avaient avancé que 100 parties de fécule donnaient 104 à 110 parties de sucre. Examinant la constitution chimique des sucres de raisin et de canne, je pensai que la chose était impossible. En effet, la pratique ne me donnait que 84 pour 100, quantité répondant exactement à la composition élémentaire de la fécule ; et pour obtenir ce résultat, il faut encore remplir toutes les conditions d'une bonne fabrication : car, pour réussir complétement, il est des soins indispensables à prendre ; et je dois dire que jusqu'à ce jour ce produit n'a été bien fait, comme opération commerciale, qu'à Pouilly. Je le répète, le sucre de fécule parfait est identique à celui de raisin ; il coûte beaucoup moins à produire, et donne la même quantité d'alcool. Une fois l'identité des sucres constatée, il fallait les soumettre à l'action du même ferment, et s'assurer si les produits fermentés étaient eux-mêmes identiques.

Le ferment ou levure de bierre était le seul que je pouvais employer ; mais cet agent contient un principe amer et un principe aromatique qui, dans l'état où il est livré par les brasseurs, doit le faire rejeter de toute fermentation vineuse. Pour le rendre propre à cet usage, on doit le soumettre à un traitement qui en élève considérablement le prix. Ce procédé consiste à laver ce ferment à l'eau, puis à l'acool, jusqu'à ce que ces deux agents ne lui enlèvent plus rien ; il faut alors le dessé-cher complétement, le mêler soit avec du sucre, soit avec du sable si-liceux lavé à l'acide chlorhydrique. Dans cet état, le ferment est solide, imputrescible, et réunit toutes les conditions pour produire une fermentation alcoolique complète, sans donner de saveur désagréable. C'est dans cet état que je l'ai employé pour obtenir la fermentation du sucre de raisin et de celui de fécule.

Les produits obtenus ont été identiques sous tous les rapports ; ils ont donné un vin semblable à celui de Xerès ; et si on ajoute à la fermentation quelques raisins secs *muscats* ou de *Malaya*, on obtient des vins analogues à ces deux espèces. La fermentation arrêtée, la relation existe entre ces deux vins. Dans le vin de Xerès, il n'y a plus de fermentation possible, parce que l'alcool fourni par la quantité de sucre qui a subi la transformation a été suffisante pour précipiter tout le ferment. Pour obtenir ce résultat, il faut que la liqueur mise à fermenter ait une densité égale à 15° : car c'est alors que l'alcool produit est en assez grande quantité pour précipiter tout le ferment (1).

Jamais, dit M. Mollerat, je n'ai eu la pensée de donner du parfum ou du bouquet en ajoutant un principe sucré quelconque à un vin donné ; j'ai seulement prétendu augmenter sa richesse alcoolique. Dès 1819, on employa en Bourgogne le sucre de fécule ; il en est résulté des améliorations incontestables, toutes les fois, je le répète, qu'on est resté dans de justes bornes.

Quand le moût, par exemple, donne moins de 10° au gleuco-œnomètre, je conseille d'amener ce liquide à une densité qui peut aller à 15°. Pour obtenir ce résultat, il faut ajouter 3 kilogrammes de sucre par degré manquant et par chaque quantité de 228 litres de liquide : une plus grande quantité pourrait nuire. Nous dirons tout à l'heure pourquoi. J'ajouterai une chose importante : dans la fermentation, il faut donner un temps suffisant au contact du ferment avec la matière sucrée, avant d'arriver au soutirage.

J'ai remarqué que ce que l'on nomme albumine végétale dans les fruits et les racines était une matière identique à celle qui existait dans les fruits sucrés, et qu'elle jouait le même rôle dans les liqueurs sucrées, en les faisant fermenter.

Je fus conduit à ce résultat par la série d'expériences suivante. Je fis râper de la pomme de terre ; on jeta le produit sur un tamis clair ; le liquide trouble recueilli fut mis dans un flacon de 12 litres rempli exactement ; il surnagea bientôt au dessus de la fécule une matière légère et blanchâtre. Ces deux matières occupaient à peu près dans le

(1) Cet accroissement de densité est excessif, car, d'après les nombres dignes de foi fournis par M. Vergnette Lamotte, dans ses précieux et savants travaux sur la vinification, le maximum de densité des vendanges de Bourgogne correspond à 13°. L'assertion de M. Mollerat quant au ferment permettrait de croire que la vendange en question aurait autorisé une addition supplémentaire de sucre avec eau correspondante à celle qui aurait élevé la densité de la vendange de 2 ou 3° Beaumé.　　　　　　　　DUBRUNFAUT.

fond du vase le cinquième de sa capacité, qu'une liqueur brunâtre achevait de remplir. La densité du liquide surnageant était de 4°. Traité par les acides minéraux, les alcalis, l'alcool, ou une température élevée, il laissa précipiter une matière semblable à celle qui surnageait à la surface même de la fécule.

Examinant ce liquide sous un autre point de vue, je reconnus qu'il était acide, et que, comme acide végétal, il tenait en dissolution le ferment, comme il arrive dans les fruits en général. Plus tard, l'examen des fruits me donna le même résultat, c'est-à-dire que leur ferment est précipité par l'acide sulfurique, par l'alcool, par la chaleur, et que les acides végétaux le dissolvent sans l'altérer.

Pour bien connaître la loi qui régissait cette réaction, j'ai placé dans une bassine d'eau chauffée progressivement une série de flacons contenant la liqueur acide filtrée provenant du râpage de pomme de terre, marquant 4° de densité, et parfaitement limpide. L'élévation continue de température a fait précipiter de l'albumine, dont j'ai mesuré l'importance croissante en retirant de la bassine un flacon à chaque 10 degrés d'élévation de température, dont j'ai filtré la liqueur pour en séparer le précipité; puis ajoutant à cette liqueur, devenue limpide, une quantité suffisante d'alcool, environ le double de son volume, qui a précipité toute l'albumine ou ferment que son acide tenait en dissolution.

En continuant à agir de la même manière sur chaque flacon que je retirais de la bassine à chaque augmentation de 10 degrés de température, j'ai vu successivement diminuer la quantité de ferment par addition d'alcool dans les liqueurs filtrées, de manière que l'épuisement complet du ferment s'est montré au 65ᵉ degré de Réaumur au dessus de 0 par la limpidité de la liqueur, même après l'addition ordinaire d'alcool. Ces opérations furent faites en 1822.

Le même jour, je fis écraser des pommes. Le suc trouble fut jeté sur une toile. Le produit limpide obtenu, il est resté sur le filtre une poudre analogue à celle qui surnageait dans le flacon de fécule. En effet, ce liquide clair a donné les mêmes phénomènes que celui provenant du râpage de la pomme de terre et surnageant la fécule.

La matière blanche et légère, dite *albumine*, qui occupait la place au dessus de la fécule dans le flacon de 12 litres contenant le produit des pommes de terre râpées, a été mise, dans diverses liqueurs sucrées, à l'étuve : la fermentation s'est manifestée de suite, et s'est conduite jusqu'à la fin exactement comme dans les expériences de la même espèce où j'avais employé le ferment de bierre convenablement nettoyé.

La matière dite albumine, résultat des précipitations obtenues de la liqueur de pommes de terre, soit par l'élévation de température, soit par l'addition de l'alcool, mise dans des liqueurs sucrées à l'étuve, a produit la même fermentation que celle recueillie au dessus de la fécule dans le flacon de 12 litres, ou que le ferment de bierre.

L'époque de la vendange arrivée, je fis écraser des raisins. Le suc trouble fut traité comme l'avait été la pomme de terre râpée, et comme le suc de pommes : il donna les mêmes résultats, c'est-à-dire du ferment en poudre, outre celui tenu en dissolution dans l'acide du fruit. En un mot, tous deux étaient propres à faire fermenter les matières sucrées.

La nature a donc mis dans les fruits du sucre, du ferment et un acide, et ce dernier a la propriété de tenir le second en dissolution sans le décomposer.

Mais ordinairement chaque fruit, et plus particulièrement le raisin, contient plus de ferment que la quantité d'acide n'en peut dissoudre, et c'est cet excès de ferment qui constitue la matière solide en suspension contenue dans le liquide.

Lorsqu'il y a assez de sucre et assez de ferment dissous dans un liquide, chaque molécule de ce dernier entre en contact avec une molécule de sucre, agit sur elle, en opère la transformation en alcool, et le ferment décomposé devient inerte et insoluble ; il tombe alors à l'état de poudre, et constitue la lie.

L'acide, alors, agissant sur le ferment en suspension, en dissout une nouvelle quantité ; l'action sur le sucre recommence, la fermentation continue : il y a formation d'alcool et nouvelle précipitation de matière inerte. Enfin, la fermentation cesse lorsqu'il n'y a plus de ferment dans la liqueur, quand même elle contiendrait du sucre, ce qui a souvent lieu ; et cependant l'acide reste dans la liqueur.

C'est la présence constante de cet acide qui distingue les vins produits sous la zone de température modérée, qui leur donne, si je puis m'exprimer ainsi, la saveur d'une limonade alcoolique agréable.

Il faut donc qu'il y ait toujours dans le moût assez de sucre pour fournir l'élément convenable à la destruction complète du ferment qu'il contient, soit par sa décomposition par le sucre, soit par sa précipitation par l'alcool, dont la quantité augmente dans la liqueur à mesure que le sucre est décomposé par la fermentation, puisqu'il a la faculté de chasser le ferment contenu dans une liqueur, sans même le décomposer ; autrement, celui qui resterait dans le liquide nuirait infailliblement à la qualité du vin, en le prédisposant à une suite de fermentation, et même à la fermentation putride. Voilà donc pourquoi il est si utile d'ajouter du sucre dans le moût quand la maturité du fruit n'a pas été complète.

Les vins de la zone méridionale restent sucrés, quoique étant cependant très alcooliques.

Ils doivent cet état : 1° à la densité trop élevée du moût, densité due à une trop grande quantité de sucre, en un mot à plus de 15° du gluco-œnomètre ;

2º A la maturité complète du fruit, qui a détruit une partie de l'acide dans le suc de raisin.

Le ferment est à l'état de poudre tenue en suspension dans le moût des raisins de ces pays ; il agit sur le sucre du moût de la même manière que celui des brasseurs mis en contact avec le sucre de fécule ou de raisin, pour donner des vins riches en alcool, mais sans parfum spécial, et contenant d'ailleurs beaucoup de sucre non décomposé. Ces vins ont une durée indéfinie ; mais ils ne sont pas vifs, et déplaisent quelquefois à cause de leur saveur sucrée.

Mais combien il serait facile de faire dans ces pays favorisés par le soleil des vins vifs comme ceux des zones plus tempérées ! il suffirait d'aider un peu la nature, comme elle doit l'être souvent, pour obtenir de bons résultats.

Ainsi là les raisins complétement mûrs manquent de ferment et d'acide pour le dissoudre, afin de décomposer tout le sucre qu'ils contiennent dans un liquide dont la trop grande densité nuit à la fermentation : il suffirait donc de changer cet état pour obtenir des vins vifs. Il faut pour cela cueillir les raisins avant leur complète maturité : alors ils contiendront plus de ferment et plus d'acide pour le dissoudre, et aussi moins de sucre à décomposer. Enfin, si le moût est plus dense encore que 14 à 15°, il faudra le ramener à ce degré en ajoutant de l'eau : alors la fermentation produira d'excellents vins, fins et vifs.

Après avoir ajouté du sucre de fécule ou du sucre de raisin, ou enfin tout autre principe sucré se rapprochant autant que possible de la constitution chimique du sucre de raisin ou de fécule, il faut changer quelque chose aux habitudes de la vendange. Il faut d'abord avoir soin que la température des cuveries soit suffisamment élevée pour que les fermentations soient promptes et régulières ; il ne faut pas non plus descendre trop tôt les vins sortant de la cuve dans des caves froides : car la fermentation, quoique plus lente, doit se continuer encore long-temps, tandis que la température froide des caves arrête sa marche active. La tranquillité de la liqueur favorise alors le dépôt des matières qu'elle tenait en suspension ; et non seulement la fécule colorée, mais encore le ferment en poudre, gagnent le bas du tonneau, et forment la lie, qui contient l'élément précieux qui devrait être reporté de nouveau dans le liquide, pour y continuer la décomposition des molécules du sucre. Loin de là, on ôte souvent les vins de dessus cette lie précieuse, sous prétexte qu'ils sont clairs, tandis qu'il conviendrait de les troubler avec cette lie, afin de continuer la fermentation. Dans ce cas, il reste du sucre non décomposé, et du ferment en poudre qui aurait pu, par son contact avec l'acide du vin, acquérir la propriété de rétablir la fermentation. Cependant il est des limites auxquelles on doit s'arrêter. Il ne faut pas que tout le sucre soit converti en alcool ; il faut qu'il én reste un peu à l'état de non-transformation. Dans cet état, le vin devient gracieux et d'une finesse extrême.

D'après ce que nous venons de dire, on voit qu'il ne faut pas soutirer en mars lorsqu'il y a eu addition d'un principe sucré quelconque, et qu'on n'a pas pris les précautions nécessaires pour que le sucre soit entièrement décomposé par la fermentation : car cet élément ajouté dans le vin doit nécessairement déterminer une prolongation de fermentation qui, si elle n'est pas dirigée convenablement, amène la ruine des vins.

Si l'on veut avoir des vins arrivés promptement à l'état disponible, c'est-à-dire dont la fermentation soit terminée, il faut établir des étuves, des calorifères, pour tenir la cave à une température telle que la fermentation puisse se continuer jusqu'au mois de mars (15 à 16° R.). Les vins traités par ce procédé se sont constamment bien gouvernés, tandis que les vins descendus trop tôt dans une cave froide ont continué leur fermentation en cave comme en voyage.

Les vins tout à fait nouveaux n'ont point de bouquet, quelle que soit l'excellence de leur cru. Cette précieuse qualité se développe à mesure que le vin se dépouille de l'excès de matière colorante. Il est d'abord violacé, plus rouge, enfin mordoré. C'est pendant ce travail que les vins périssent ordinairement; mais c'est alors aussi que le vin arrive à sa perfection, et qu'il porte un parfum qu'on est convenu de nommer bouquet, variable suivant les sols qui ont produit ce vin. Ce parfum est une espèce d'éther qui s'est formé lentement par le contact de l'acide, de l'alcool et de la résine odorante qui existe, surtout dans le vin rouge, avec la matière colorante, sous la peau du raisin, à laquelle elle adhère assez pour qu'il faille le concours de l'alcool produit par la fermentation pour l'en détacher et la dissoudre.

Cette formation d'éther parfumé est retardée et masquée par la trop grande quantité de matière colorante, qui ne quitte le liquide que lorsqu'elle est suffisamment oxygénée, pour devenir solide et descendre à l'état de lie.

La trop grande quantité d'alcool, comparativement surtout à la quantité d'acide dans le vin, retarde encore la formation de l'éther parfumé, puisqu'un des éléments nécessaires à sa formation n'est pas en quantité suffisante pour agir activement sur l'autre.

C'est ce qui a fait dire que les vins trop enrichis par l'alcool manquent de parfum, ce qui est vrai; mais cette observation a pu être faite aussi sur des vins des années riches de maturité; à ceux-là, comme aux vins artificiellement trop sucrés, il faut plus d'années pour arriver à leur perfection de saveur et de bouquet. C'est donc une grande faute que de faire tant d'efforts pour obtenir l'extrême coloration des vins par des foulages nombreux et un trop long séjour dans les cuvés, puisqu'on retarde le moment de leur perfection, et qu'on a couru le risque de les perdre.

On a toujours joui plus tôt de l'excellence des vins légers, soit par leur fabrication, soit par la nature de leur climat, ou bien même par la moins grande richesse végétative de l'année.

Cependant les vins forts ont les éléments qui produisent le bouquet ; ils arrivent aussi, mais plus tard, à leur perfection, parcequ'ils ont un travail plus long à faire pour atteindre ce but, et ces vins sont aussi plus durables, précisément à cause de leur richesse. Je connais du Richebourg 1832 qui, au bout de 14 ans, commence à montrer son excellent parfum.

J'ai avancé tout à l'heure que c'était à la matière colorante et à la matière résineuse attachée à la peau du raisin qu'étaient dues les maladies et souvent la ruine des vins pendant qu'ils se dépouillaient de l'excès de la première de ces deux matières, et que c'était à la seconde qu'ils devaient leur bouquet.

Les vins blancs justifient cette proposition : ils ont en général peu de bouquet, et ce qu'ils en doivent avoir se montre dès la première année. Les raisins blancs, portés de suite au pressoir sans passer à la cuve, n'ont point de fermentation préalable qui doive détacher la fécule de l'enveloppe du fruit, conséquemment point ou peu de dépouillement à faire pour montrer leur parfum. Aussi la solidité des vins blancs est à peu près universelle ; mais la plus parfaite épreuve resulte des vins blancs produits par des raisins rouges exprimés avec précaution pour n'avoir point de matière colorante, comme cela se pratique dans la fabrication des vins mousseux. Ce sont des liqueurs à peu près sans parfum, quoique provenant de vignes dont les vins mis en rouges sont d'une durée indéfinie, parce qu'ils n'ont pas les embarras du dépouillement d'une matiere colorante à subir.

On se tromperait beaucoup si on prétendait rendre service à un vin fortement coloré en le soutirant et en le collant souvent, sous prétexte de l'aider au dépouillement d'une partie de la matière colorante : ces deux opérations, soutirage et collage, dépouillent, il est vrai, mais rudement, le vin, non seulement de la matière colorante, mais encore du tannin, du ferment et d'une partie de la résine odorante, toutes matières tenues dans la liqueur, et qui devaient à la longue amener l'excellence du vin. La privation qu'on lui a fait subir de ces éléments a amené le vin, on en convient, à un terme plus prochain ; ce terme a été atteint en le desséchant et en l'amaigrissant, au lieu d'avoir laissé agir la nature lentement sur lui, ou de l'avoir aidée seulement pour la faire agir plus vite, soit en élevant la température pour aiguiser l'action des éléments les uns sur les autres, soit en le soumettant à un léger mouvement continuel, qui favorise également l'action dont j'ai

parlé plus haut, comme on le voit par les vins de Bordeaux, qui se dépouillent plus vite et mieux dans les voyages de long cours sur mer, pendant lesquels ils ont éprouvé et l'élévation de température et le mouvement continu.

Les principes que nous venons de reconnaître constituent les vins en général; mais la nature a ajouté, dans chaque climat, d'autres principes auxquels les vins doivent leurs qualités spéciales. Parmi ces principes, nous citerons l'acide, les sels et le tannin. Les sels se précipitent par le repos, le temps ou la présence d'une certaine quantité d'alcool.

Les vins durs, même après avoir été long-temps gardés, doivent cette qualité au tannin. C'est ce principe trop abondant qui masque dans les vins de Bordeaux l'alcool, qu'ils contiennent en aussi grande quantité que ceux de Bourgogne; il concourt, avec la matière colorante, à masquer le bouquet dans ces mêmes vins : le temps, les voyages, peuvent seuls précipiter ce principe, et faire arriver ces vins à leur état de perfection.

Opinion de M. Poulet-Denuys de Beaune.

Sans vouloir suivre son ami le savant et très honorable M. Mollerat dans la brillante exposition qui vient d'être faite, il désire faire connaitre au Congrès les motifs qui ont déterminé le comité des propriétaires et négociants en vins de l'arrondissement de Beaune à se prononcer d'un manière tout à fait absolue contre le sucrage des vins.

Après avoir rappelé combien le système préconisé par un savant de premier ordre, *Chaptal*, il y a une vingtaine d'années, et adopté depuis assez généralement, avait été funeste à la Bourgogne en portant atteinte à la réputation de ses vins, M. Poulet a surtout fait ressortir les graves inconvénients qui en résultaient.

Ainsi, ajoute M. Poulet, on ne contestera pas que le sucrage des vins a pour résultats fâcheux :

1° De dénaturer complétement les vins de Bourgogne en leur enlevant ce que ces vins ont de plus précieux, de plus parfait, leur incomparable bouquet, et aussi leur délicatesse, qui est leur véritable type;

2° De les enrichir de manière à augmenter considérablement leur richesse alcoolique, ce qui, en les rendant plus spiritueux ou plus echauffants, en a singulièrement fait restreindre l'usage ; tandis que dans leur état naturel, tels, en un mot, qu'on les récoltait autrefois, il est constant qu'ils ne contiennent pas plus d'alcool que les vins de Bordeaux, avec lesquels ils peuvent lutter pour la solidité ;

3° D'entretenir dans les vins un principe, une disposition à la fermentation tout à fait contraire à leur bonne conservation.

M. Poulet a en outre signalé, comme une circonstance tout à fait capitale, l'impossibilité absolue de distinguer, en primeur et pendant au moins la première année, dans les vins sucrés, non seulement la nuance de qualité qui leur appartient, mais même celle du climat d'où ils sortent ; de telle manière qu'étant obligé de les acheter de confiance, il peut arriver assez fréquemment d'admettre, en primeur, comme vins de premier ordre, des vins d'une qualité secondaire.

C'est en raison de ces considérations, dit en terminant M. Poulet, que le comité de Beaune avait été unanime pour reconnaître que le sucrage des vins de Bourgogne devait être à l'avenir complétement abandonné, et a adopté le rapport qui suit :

Le vin, considéré chimiquement, est une dissolution, dans un alcool très étendu d'eau, de sels divers, d'acides végétaux, de mucilage, de tannin et de matière colorante.

. L'eau seule, abandonnée à elle-même au contact de l'air, entre promptement en décomposition.

L'alcool, les sels, les acides, le tannin, le sucre, sont les principes auxquels on doit la conservation de toutes les préparations végétales et animales destinées à l'alimentation de l'homme ou à ses usages.

Le vin présente dans sa composition, à des doses diverses, tous ces principes de conservation.

L'industrie et la science ont inventé de suppléer, par différentes additions, à ce que la nature refusait au vin dans certaines années. De là s'est propagé l'emploi de l'alcool, du tannin et du sucre.

Le tannin, sous forme de teinture de cachou ou de tannin pur, est principalement employé par le Bordelais et la Champagne ; le sucre l'est plus particulièrement par la Bourgogne ; l'alcool, par les falsificateurs des grands centres de population.

Chaptal, qui était né dans le Midi, et, comme tel, n'estimait le vin qu'en proportion de sa force alcoolique, a considéré l'alcool comme le principal élément conservateur des vins, et c'est sur cette base qu'ont été élevés les tristes éléments de vinification qui nous régissent encore aujourd'hui.

Avant Chaptal, nos raisins, vendangés plus tôt, et par conséquent dans de meilleures conditions de température, étaient plus riches en sels, en tannin et en acides : car on sait que, par l'effet de la végétation, ce sont les acides qui se transforment en matières sucrées et en mucilage par une déperdition d'oxygène.

Depuis Chaptal, on a cherché à obtenir une maturité qui rapprochât nos raisins des raisins plus sucrés des pays méridionaux.

Quand la maturité n'a pas paru suffisante, on a ajouté au moût, ou au vin nouvellement tiré de la cuve, différentes sortes de sucres, en diverses proportions.

Que le sucre ait été additionné au moût de la cuve ou au vin décuvé, il subit les mêmes transformations ; seulement, s'il y a moins de perte quand on chaptalise ou procède le vin au tonneau, la fermentation du liquide se prolonge davantage.

Qu'il s'agisse des sucres raffinés, des sucres bruts de canne, ou des sucres de fécule, les corps nouveaux qui naissent de leur décomposition dans la cuve sont à peu près les mêmes (1). Toutefois, les sucres de fécule sont ceux qui ont donné les plus fâcheux résultats.

Le sucre ajouté au vin ne produit pas le même effet, suivant qu'il est employé à faible ou à haute dose.

La dose ne dépassant pas 2 kilogrammes par pièce de 228 litres, il arrive qu'il existe dans le raisin assez de ferment pour que toute la matière sucrée (naturelle ou artificielle) de la cuve soit décomposée. Quand le sucre a entièrement fermenté, il augmente la proportion d'alcool du liquide.

A haute dose, dépassant 10 kilogrammes par pièce de 228 litres, la plus grande partie de la matière sucrée reste dans le vin à l'état de sucre, et la dissolution, chimiquement parlant, pourra se comporter comme les sirops.

A dose intermédiaire de 2 à 10 kilogrammes par pièce de 228 litres, il y aura toujours incertitude sur la manière dont le sucre aura agi. Dans ce cas, il est probable qu'il sera resté dans le vin une portion de sucre non altéré. Il se comportera donc comme un liquide riche en alcool et en matières sucrées non décomposées.

La coloration des vins s'obtient comme toute teinture dont le but est de fixer les matières colorantes sur certaines substances. Dans la cuve, on retrouve la substance à teindre, qui est l'eau ; le mordant, qui est le bitartrate de potasse ; enfin, la matière colorante, qui est contenue dans la cellule du grain, et ne devient soluble que par la présence de l'alcool.

Comme on a remarqué que certains vins de qualité offraient une teinte plus prononcée, on a cherché, dans le but de donner à nos produits un aspect plus flatteur sous ce point de vue, à augmenter la couleur du vin. En élevant le degré alcoolique par l'addition du sucre, on a aidé à la dissolution de la matière colorante, et, en réalité, donné au liquide une couleur plus riche et plus veloutée.

La fermentation de toute matière sucrée donne, entre autres produits, un corps hydrogène analogue aux huiles essentielles, et particulier pour chaque espèce de sucre. Cette substance imprime au vin une saveur âcre et pénétrante, qui se prononce surtout au moment de la déglutition.

---

(1) Ceci est une erreur matérielle, et les sucres employés en Bourgogne avant 1845 ont été le plus souvent des résidus de raffinerie fort impurs, et par là même fort impropres à un bon sucrage. M. Poulet, en attribuant ici des résultats fâcheux au sucrage, fait cependant une distinction en faveur des sucres autres que le sucre fécule.   DUBRUNFAUT.

Ainsi, en résumé, au premier examen, les vins sucrés ont plus de parties alcooliques, plus de moelleux, plus de couleur, sont, en un mot, plus marchands, et n'ont contre eux qu'une saveur particulière dont la sensation se détermine surtout à l'arrière-gorge.

Voyons maintenant ce que deviennent ces qualités.

Les vins chaptalisés, dans lesquels tout le sucre a subi la fermentation alcoolique, étant très spiritueux, agissent d'une manière énergique sur l'économie animale, et peuvent être très préjudiciables à la santé. Le consommateur n'est point long à s'en apercevoir; il en modère d'abord l'usage, plus tard il le quitte entièrement.

Les vins vinés par l'addition en nature de l'alcool ont une action encore plus funeste sur les voies digestives, l'alcool pur se comportant dans le canal alimentaire comme les poisons inorganiques, qui se combinent avec les membranes muqueuses.

Les vins sucrés à haute dose, se rapprochant des vins du Midi, flattent agréablement le palais quand ils sont vieux; on en boit avec plaisir un premier verre, mais on est vite arrivé à la satiété. Ce cachet étranger imprimé à nos vins contribue donc encore à en diminuer la consommation.

D'ailleurs, comme le tannin et le bitartrate de potasse sont moins solubles dans un liquide très chargé d'alcool que dans un vin qui n'a pas été sucré, il en résulte qu'on a éliminé du produit chaptalisé certaines portions des substances qui entrent dans la composition du vin et concourent à sa conservation; ce qui nous explique encore pourquoi les vins procédés ont moins de bouquet et doucinent plus que ceux qui ne le sont pas.

On sait, en outre, que 100 parties de sucre en poids donnent 51,34 d'alcool, et en volume 64,89 d'alcool à 0,79; mais 62,89 d'alcool à 0,79 correspondent à 70,50 d'alcool à 0,82.

En admettant 12,00 pour moyenne de la vinosité des vins de Bourgogne, le moût correspondant doit être chargé de 17 0/0 de sucre; d'où l'on conclut que 3 kilog. 24 de sucre par pièce de 228 litres augmentent la vinosité de 1 0/0. Les vins chaptalisés à 6 kilog. 50 par pièce de 228 litres sont donc portés à 14 0/0 d'alcool. Les vins de Lunel et d'autres vins du Midi n'en contiennent pas une plus forte proportion.

L'excès de matières colorantes que l'on a introduites dans le vin dans le but de lui donner un aspect plus flatteur n'a point trouvé dans le suc du raisin trop mûr assez de mordant pour les fixer d'une manière stable sur l'eau de dissolution. Cette couleur se comporte donc comme, en teinture, se comportent toutes les teintes fugaces: le vin se décolore sans cesse, et cette séparation continue de matières colorantes entretient dans sa masse un dépôt floconneux permanent qui nuit d'abord à la limpidité du liquide, et peut ensuite contribuer à y déterminer une fermentation maladive.

La saveur âcre et pénétrante qui se manifeste à la déglutition de tout vin sucré détruit et au delà la sensation agréable qui a pu résulter du premier contact des houppes nerveuses du palais avec un liquide corsé et moelleux.

Enfin, comme les vins sucrés demandent à être vieux pour obtenir plus de fondu, on les a chauffés, dans le but d'en hâter la fermentation ; et on ne s'est pas préoccupé de ce fait, que toute fermentation secondaire d'un produit alcoolique qui s'établit à une temperature de 30 à 35° cent. donne nécessairement de petites quantités d'acide acétique, et transforme une partie du sucre en mannite, qui est une substance moins oxygénée.

Mais si maintenant nous voulons examiner ce qui peut résulter de fâcheux pour la santé des vins du mélange des vins procédés avec les vins non procédés, on n'hésitera pas à attribuer à cette cause une partie de leurs maladies.

Quelques propriétaires, sur les demandes du commerce, ont aussi, dans leur intérêt personnel, eu recours à l'emploi du sucre pour améliorer leurs vins ; et voici comment ils ont dû opérer pour l'écoulement de leurs produits. Ils ont procédé à haute dose leurs secondes cuvées, en laissant les premiers crus purs de toute addition. Mais, d'après les errements fâcheux introduits dans le pays, ces vins, trop spiritueux pour être livrés en nature à la consommation, ont été plus tard ajoutés aux crus d'ordre, que l'on a pensé devoir soutenir en les mélangeant à une faible dose au vin plus riche en alcool des cuvées chaptalisées. Cette mesure a présenté les plus déplorables résultats. En effet, que se passe-t-il dans cette opération? Le vin non sucré peut contenir un reste de ferment, sans présence de matières sucrées ; le vin procédé contient au contraire un excès de sucre sans ferment. En mettant en présence ces deux sortes de vins, il arrive qu'on obtient un liquide dans lequel se trouvent tous les éléments d'une fermentation nouvelle, et on peut être assuré qu'il en résultera souvent un composé livré à la maladie et à la destruction : car, dès que les conditions qui ont présidé à la formation des combinaisons chimiques viennent à changer, les éléments qui les composent se groupent dans un ordre différent.

Voilà, dans le simple exposé de ce fait chimique, la cause première de toutes les fermentations secondaires maladives qui s'emparent si souvent des vins mélangés.

On m'a objecté que les vins, même non sucrés, fermentaient dans la première année. Oui ; mais cette fermentation est la suite du travail de la cuve, tandis que la fermentation des mélanges entraîne à sa suite toutes les conséquences résultant des combinaisons de corps nouveaux mis en présence ; de plus, tout mélange produit une élévation de température, et toute élévation de température aide au développement des affinités chimiques.

On a dit que les Bordelais faisaient chaque jour une redoutable concurrence à nos vins. Je le comprends, en tant que l'on n'oppose à leurs produits que des vins aussi spiritueux que les vins chaptalisés. Mais le jour où l'on aura complétement renoncé à l'emploi du sucre, pourquoi nos crus déclassés ne reprendraient-ils par leur rang ? Nos vins ne contiennent pas plus d'alcool que les vins de Bordeaux ; vendangés dans de bonnes conditions, ils sont aussi solides qu'eux, et, en fin de compte, ils leur sont supérieurs à cet endroit, qu'il est inutile, pour leur donner un cachet de finesse remarquable, de les allonger avec des produits étrangers. En un mot, nos vins sont complets, et la Bourgogne, elle, n'a nul besoin de s'aller recruter dans l'Ermitage ou certains vignobles du Roussillon ou de l'Espagne.

On a encore prétendu que les consommateurs des vins de Bourgogne demandent des vins plus corsés que jadis, et tiennent moins qu'autrefois au cachet de finesse qui faisait le principal mérite de nos vins. Je répondrai que l'emploi du sucre ne remplit pas, à ce point de vue, le but qu'on se propose, puisqu'il donne soit un vin très spiritueux, soit un vin sirupeux et empâtant, et que les Bordeaux, qui nous font concurrence, n'ont aucun de ces caractères. En vendangeant plus tôt et dans de meilleures conditions de température, les vignes de bons crus donneront des vins solides, qui présenteront aux consommateurs les plus délicats les mêmes qualités que jadis. Aux terrains marneux des coteaux on devra les vins plus corsés que le commerce recherche aujourd'hui. Enfin, la plaine, qu'une fausse spéculation a plantée en pineau, sera, par la force des choses, rendue à sa vraie production, celle du gamay. — C'est aux vins faibles qui proviennent de cette dernière culture, et aux produits inférieurs des années médiocres, qu'on doit la propagation de l'emploi du sucre. En effet, la propriété et le commerce ayant cherché à tirer un parti avantageux des secondes cuvées de noirien, l'addition au moût de matières sucrées a semblé devoir résoudre le problème. Ces vins secondaires, qui n'auraient jamais paru dans le commerce des vins fins, y sont entrés, le sucre aidant, et c'est ce produit nouveau qui a éloigné le consommateur de nos grands vins, qui pourront, eux, toujours se bien présenter et bien finir sans l'emploi des procédés de Chaptal.

C'est ainsi que la Bourgogne pouvait porter, par ses mousseux, un rude échec à la Champagne ; mais la spéculation a introduit les crus inférieurs dans la fabrication des mousseux, et les mousseux ont été perdus pour la Bourgogne.

Enfin c'est dans les sels, les acides végétaux, le sucre et le tannin existant dans le suc du raisin, que nous devons chercher les seuls éléments de la conservation de nos vins. En vendangeant plus tôt, en classant les cuvées, en renonçant aux engrais azotés et au sucre, en modifiant la culture, en apportant plus de soins à nos procédés de cuvage et de vinification, on arrivera à une réforme qui nous aura promptement ramené le consommateur; mais si nous persistions à vouloir SOUTENIR ET AMÉLIORER nos vins par l'addition du sucre, toutes les autres réformes n'aboutiront qu'à un résultat incomplet. Il restera à l'art, dans un but de conservation, l'emploi de l'acide sulfureux ou du charbon animal, qui agissent comme des oxydants (soufrage des vins); l'exposition des vins au froid (congélation à un faible degré des vins dans les hivers dont la température restera au dessous de 10° cent.); enfin la soustraction de nos produits à la chaleur des saisons, soit par leur séjour dans les caves fraîches, soit, dans les expéditions, par leur isolement des corps plus chauds, isolement qu'on peut obtenir par l'encaissement des futailles au milieu des substances qui conduiront mal le calorique, telles que la paille, la laine, le charbon pilé.

Dans cette question si grave de la santé et de la qualité des vins, je ne crois pas à la chimie d'autre pouvoir que celui de nous signaler la nature des causes qui contribuent au mal, dans le but de diriger dans une voie plus rationnelle nos méthodes de culture et de vinification.

La science ne doit pas aller au delà, et jamais elle ne fabriquera de toutes pièces ce que le soleil et le terrain auront refusé à nos produits. En un mot, jamais Surennes et Argenteuil ne deviendront les rivaux heureux de Volnay et de Chambertin.

Je terminerai enfin par ce fait, que les négociants qui ont le moins cru aux effets tant vantés du sucre, et ont eu plus de confiance, soit à des approvisionnements considérables dans les années de qualité, soit à l'addition des vins plus durs des arrière-côtes, soit à l'emploi du tannin, emploi si répandu dans le Bordelais, soit au mélange des vins gelés ou vins étrangers, plus acerbes que sucrés, sont certainement ceux qui, dans ces dernières années, ont essuyé le moins de reproches de la part de leurs clients.

En résumé, si les vins du Midi doivent leurs qualités à la haute proportion de sucre et d'alcool qu'ils contiennent, les vins de la Côte-d'Or, comme les vins de Bordeaux, sont surtout riches en tartrate acide de potasse et de fer et en tannin : c'est à ces deux éléments qu'ils doivent leurs caractères et en partie leurs principes de conservation, puisqu'en moyenne ils ne donnent à la distillation que 12 p. 100 d'alcool. D'après cette composition, ils sont d'un usage éminemment salutaire. Toute addition de sucre faite à nos vins en change la nature chimique, et contribue en outre à leur enlever le cachet de finesse et de bouquet qui leur est particulier. Il est donc de la plus grande importance de renoncer à son emploi, et on doit engager les négociants et les propriétaires à concourir de tout leur pouvoir à la réaction qui, depuis 1842, a commencé à s'opérer dans notre vignoble contre les procédés de vinification conseillés par Chaptal.

Opinion de M. de Vergnette.

Il commence par rendre hommage aux profondes connaissances de M. Mollerat, dont personne plus que lui n'admire les beaux travaux et les savantes applications qu'il en a faites aux arts industriels; mais il pense que plus M. Mollerat est haut placé dans la science, plus on doit combattre les conséquences qu'il a déduites de ses belles théories. — M. de Vergnette expose que la chimie, dont les progrès nous permettent aujourd'hui l'analyse des substances les plus compliquées dans leur composition, est encore sans moyen de reconstituer par voie de synthèse les corps organiques dont elle a isolé les éléments. Selon M. de Vergnette, si le sucre de fécule, tel qu'on l'extrait des pommes de terre, contient le même nombre d'équivalents que le sucre de raisin, il y a dans ces deux corps une différence de disposition moléculaire telle qu'ils ne peuvent être remplacés l'un par l'autre. M. Mollerat, dans son savant exposé, a dit que c'était la *nature* qui faisait le bouquet des vins, et qu'on ne l'imitait pas. M. de Vergnette pense qu'on n'imitera pas davantage les autres principes organiques qui sont contenus dans le raisin.

M. de Vergnette-Lamotte prétend que les vins chaptalisés, étant très alcooliques, deviennent ou d'une consommation plus restreinte, ou sont préjudiciables à la santé. Le procédé enlève en outre au vin leur bouquet et leur finesse.

L'excès de matière colorante dont on a chargé les vins sucrés les rend d'une conduite difficile. Le système Chaptal a encore eu pour conséquence le chauffage des caves. Dans cette opération, pratiquée dans le début par quelques négociants qui l'ont rejetée aujourd'hui, M. de Vergnette, appelé à en étudier les effets, a souvent constaté dans les étuves une température qui dépassait 25° centigrades, et dans les tonneaux la formation de petites quantités d'acide acétique. Enfin, dans le mélange qui a été fréquemment fait des vins procédés avec ceux qui ne l'étaient pas, il arrivait qu'on mettait en présence des liquides qui contenaient un reste de ferment sans trace de matières sucrées avec des vins procédés contenant au contraire un excès de sucre sans ferment. Le mélange obtenu renfermait dès lors tous les éléments d'une fermentation nouvelle, et cette manière d'opérer a très souvent conduit aux plus tristes résultats.

Abordant la question de la santé des vins, que M. Mollerat pense exclusivement soutenue par le sucre, M. de Vergnette expose que l'alcool n'est pas le seul élément conservateur du vin. Les sels acides, le tannin, etc., qu'il contient, concourent au même but; et, comme leur solubilité dans un liquide varie en raison inverse du degré alcoolique de ce liquide, il en résulte qu'on élimine du produit chaptalisé certaines portions des autres substances qui aident à la conservation du vin.

M. de Vergnette cite des vins, tels que les 1827, 1832, 1838, qui, quoique peu alcooliques (ils n'en contenaient pas 12 p. 100), étaient de qualités remarquables, et furent doués de principes suffisants de conservation pour avoir fait honneur au pays.

Revenant au but d'amélioration dont M. Mollerat a vanté le résultat dans le système Chaptal, M. de Vergnette en signale sous ce rapport les inconvénients. Selon lui, en primeur, et même pendant la première année, il est impossible, dans les vins procédés, de distinguer les cuvées d'un ordre et d'un climat différents. Mais tôt ou tard le consommateur s'aperçoit de l'erreur, et, comme il ne retrouve plus dans le vin qui lui est livré les hautes qualités du Bourgogne, il en abandonne l'usage.

M. de Vergnette pense donc que la science, qui, par l'analyse des substances végétales, nous a éclairés sur l'alimentation organique que demande la vigne, et qui a tant encore à nous apprendre sur les phénomènes de la vinification, n'a point rendu service à la Bourgogne par l'introduction d'un procédé qui a pour effet de donner à un produit l'apparence des qualités qu'il n'a pas, et aide puissamment à toutes les falsifications que l'on opère sur les boissons fermentées. Si, par l'addition du sucre à des raisins communs et verts, ou à des fruits médiocres, si même, par un mélange d'eau, de ferment et de sucre, on peut composer une liqueur fermentée, qui, bue avec addition d'eau, sera moins mauvaise qu'elle ne l'eût été sans l'emploi du procédé, le consommateur qui achèterait cette *boisson* avec connaissance de son origine et sous un nom de convention qu'on devrait lui donner n'aurait point à se plaindre qu'il a été trompé ; mais il n'en est pas de même pour des vins de luxe, destinés à être consommés sans addition d'eau, achetés pour grands vins, et dans lesquels on recherche avant tout un cachet de finesse et de bouquet incompatible avec l'emploi du sucre.

Messieurs, dit M. de Vergnette, je terminerai par cette conclusion, qui, je l'espère, trouvera de l'écho dans cette enceinte bourguignonne. Revenons à une appréciation plus juste de la valeur des seconds crus et des vins des années médiocres. Ces vins feront de grands ordinaires, dont les débouchés seront assurés, et nous ne livrerons plus à la consommation, comme vins de luxe, des vins chaptalisés, produit bâtard qui discrédite nos grands crus, peut compromettre l'avenir du pays, et va même jusqu'à nous entacher à l'endroit de notre vieil honneur bourguignon.

Opinions diverses.

M. Sauzey pense que, par l'emploi du sucre, les crus inférieurs ont été appelés à faire une concurrence sérieuse aux premiers crus, et que c'est à cette cause qu'il faut attribuer la réclamation de quelques propriétaires possesseurs des grands vins. Il soutient d'ailleurs que le sucre dans le vin ne fait qu'améliorer, sans le rendre plus alcoolique.

M. Leclerc explique que, dans les vins procédés, le sucre ajouté est transformé en alcool, et n'agit plus sur l'organisme de la même manière que le sucre dont nous assaisonnons nos fruits ou nos mets d'office.

M. le docteur Bonnet déclare que l'abus des vins alcooliques peut prédisposer aux affections du cerveau.

M. Varembey soutient qu'avec le sucre on a donné à des vins médiocres toutes les qualités des grands vins, et que de plus on a obtenu des vins beaucoup plus solides. M. Varembey nour explique comment, par les conseils de M. Mollerat, il a, par un mélange convenable de lie, de sucre de fécule et d'eau, obtenu des vins de Xerès remarquables, et qu'il a conservés pendant 19 ans.

M. Chevillard dit que le sucre n'a pas toujours assuré la santé des vins; il cite à l'appui de son opinion ce fait capital, que les vins de 1840 que l'on a procédés n'ont pas par là échappé à la maladie, qui, du plus au moins, a frappé tous les vins de cette récolte.

M. Delarue. Un des graves inconvénients d'employer le sucre de fécule mal fait et tel qu'on le livre au commerce, c'est qu'il contient 20 à 25 pour cent d'un principe qui n'est pas saccharifié, et qui n'est plus de la fécule : c'est à ce principe que ce sirop doit la saveur herbacée qui le distingue. Ce défaut de saccharification le fait facilement reconnaître du sucre de fécule bien fait : car ce dernier, susceptible d'une cristallisation particulière, a une saveur douce et fraîche, et même agréable.

M. Mollerat signale l'abus d'élever la température à 25°. Il n'a jamais prescrit qu'une température modérée. Tout en admettant une partie des conclusions de M. de Vergnette, il s'attache à déclarer et à faire connaître que tous les abus signalés ne proviennent que des excès ou du mauvais emploi des procédés; on n'en condamne l'usage que parcequ'on ne sait pas le régler convenablement.

Je le répète, dit l'honorable membre, l'alcool ajouté directement sépare le ferment; le vin s'appauvrit. Il ne peut qu'approuver l'addition du sucre faite dans de justes proportions; il condamne absolument l'emploi de l'alcool, et surtout de l'eau-de-vie, qui, contenant une essence parfumée, altère la qualité du vin, et plus spécialement son bouquet.

M. Leclerc demande s'il existe un moyen autre que celui de la dégustation pour arriver à reconnaître l'emploi du sucrage artificiel. Il pense que, si on arrivait à connaître ce procédé, le consommateur saurait en tirer parti et en reconnaîtrait les abus : car, s'il n'existe aucun moyen de reconnaître l'emploi du sucre, il sera inutile de le proscrire ; on n'arrivera jamais à détruire cet abus.

Il demande si les vins procédés ne sont pas plus sujets aux maladies que les vins naturels, et si la difficulté qu'ils éprouvent à voyager ne tient pas au procédé lui-même.

M. Delarue pense que le seul moyen pour reconnaître si un vin a été additionné de sucre ou d'alcool est de distiller le vin, de le comparer sous divers points de vue à un vin dont on connaît l'origine ; que pour cela il faudrait tous les ans titrer les vins des grands crus. Leur richesse alcoolique étant connue, tout vin qui dépasserait le titre d'un ou de deux degrés serait déclaré vin additionné. Il renvoie, pour plus amples informés, au tableau des analyses des vins qu'il soumet à l'examen du Congrès.

Il pense aussi que la difficulté de voyager des vins de Bourgogne tient plutôt au mélange des vins sucrés contenant encore du sucre et plus de ferment avec des vins contenant encore du ferment et ne contenant plus de sucre. L'agitation occasionnée par le roulage met en contact le ferment en excès du vin naturel et le sucre non converti en alcool de celui qui a reçu une trop forte quantité.

M. Gaulin conclut, comme M. Leclerc, contre l'emploi du sucre ; mais, s'il en proscrit l'emploi dans les grand vins, il demande si le sucre ne devrait pas être employé dans les vins de faible qualité. Il est hors de doute que, dans de mauvaises années, l'emploi du sucre présente des avantages sous tous les rapports, avantages qui doivent entrer en considération : car d'une boisson sans valeur, qui souvent peut être nuisible à la santé, ne peut-on faire une boisson saine, bienfaisante, et acquérant une valeur vénale qui permet au producteur de rentrer dans ses avances ?

M. Demerméty. Le procédé laisse un goût particulier qui se reconnaît au palais ; il a expérimenté qu'un vin gelé a laissé beaucoup de saveur, de vinosité, mais point de bouquet.

M. Poulet. M. Leclerc a semblé tout à l'heure attribuer la cause du désastre des vins de Bourgogne au commerce. Je proteste contre une pareille insinuation. Le commerce seul n'a pas commis la faute ; il n'a pas exigé que le propriétaire sucrât ses vins, mais le propriétaire a lui-même aidé au système en sucrant ses vins pour les faire valoir davantage.

M. Leclerc s'excuse sur le sens qu'on a pu donner à ses paroles contre le commerce en général ; il pense que l'entraînement a été causé par l'exemple, et, s'il peut citer des faits dans lesquels le négociant a imposé le procédé à certains propriétaires, il n'en conclut rien contre le commerce en général.

M. Gaulin revient sur le sucrage, et réclame une exception en faveur des vins ordinaires, qui prennent, par ce procédé, un peu plus de qualité. Il résume son opinion en demandant le maintien du sucrage en faveur du petit vin.

M. Poulet demande que le principe soit général. En admettant des exceptions, on ne pourra plus rien garantir. Par le procédé, les vins ordinaires deviennent momentanément des vins fins ; il faut, avant tout, que les vins ordinaires restent pour ce qu'ils sont.

M. Chevillard passe sous silence la discussion chimique ; il veut seulement s'arrêter à quelques points.

Puisque MM. les chimistes, dit M. Chevillard, ont établi que l'opération devait être faite par des hommes habiles et avec beaucoup de précaution, j'en conclus qu'on ne peut confier l'opération du sucrage à des mains vulgaires ; je pense aussi qu'on doit renoncer à l'emploi du sucre dans les vins communs, puisque le prix des vins sucrés ne serait plus à la portée des classes pauvres.

M. Delarue fait observer qu'il ne s'agit pas d'être chimiste pour conduire l'opération du sucrage ; que la plus simple observation suffit pour la conduire, et que la quantité réelle de sucre ajoutée à un mauvais moût qui ne peut produire qu'une boisson désagréable et souvent malsaine, pour produire un liquide agréable et bienfaisant, n'en élèvera jamais le prix de manière à en empêcher la consommation.

M. Sauzey pense qu'on ne doit pas condamner *a priori* l'usage du sucre ; il cite les Grecs, les Romains, les Athéniens, qui ajoutaient du miel dans toutes les amphores. Il faut que la science vienne en aide à la nature ; il faut qu'elle arrive à déterminer les justes proportions de sucre et de ferment. Arrivés là, les chimistes auront gagné de nouveaux titres à la reconnaissance publique. Il faut condamner les abus, les mauvaises expériences ; mais il faut encourager toutes celles qui ont pour but l'amélioration d'une production aussi intéressante que celle de la vigne.

M. Leclerc répond à M. Sauzey que les Grecs et les Romains, en introduisant du miel, des aromates, de l'encens, de la myrrhe, dans les vins, agissaient sous l'influence d'un goût particulier, et non pas pour leur donner une qualité que nous recherchons généralement.

Il condamne l'usage introduit en Champagne de procéder les vins. Ce pays a perdu de sa réputation en raison de cet usage. Il conclut en conséquence contre l'exemple cité par M. Sauzey et la comparaison qu'il a faite. Il rend hommage à la science ; mais, jusqu'à ce qu'elle ait découvert le moyen de conserver les vins, de les rendre exempts de maladies, il ne veut s'en tenir qu'aux ressources de la nature.

M. Poulet critique la comparaison qu'on a voulu faire avec les vins de Champagne. Il cite l'usage de la liqueur introduite dans le vin à différents degrés, le sucre employé pour développer la mousse et entretenir le ferment : ce sont des vins d'un type particulier ; il n'y a aucun inconvénient à sucrer ces vins.

M. Mollerat partage l'opinion de M. Poulet. La liqueur, dit-il, est indispensable dans le vin de Champagne ; il ne peut avoir la mousse qu'à la condition de posséder de l'alcool en suffisante quantité pour précipiter le ferment. En un mot, le vin de Champagne est un vin spécial.

M. Leclerc combat vivement la méthode du sucrage. Cette pratique, connue sous de mauvais rapports sur tous les points d'approvisionnement, a discrédité les vins de Bourgogne en France comme à l'étranger. Il applaudit hautement à la décision prise hier par le Congrès ; il espère que cette décision fera sortir la Bourgogne de l'état de crise dans lequel le sucrage l'a plongée. C'est vainement, dit-il, que la science se vante de faire du Xerès avec du sucre, de l'eau et des poudres quelconques : il n'y a de Xerès possible, comme de Vougeot possible, que celui qui se fait à Xerès ou à Vougeot par les vignerons, *Dieu aidant.*

M. Mollerat répond à M. Leclerc par des observations pratiques. Il fait ressortir d'une manière savante les différences qui existent entre les vins sucrés de la zone méridionale et les vins secs de la zone tempérée. Il rappelle avec quelle facilité on peut imiter les premiers, et dit avoir bu de ces vins fabriqués qui ne laissent rien à désirer ; mais il déclare que jamais jusque alors on n'a pu imiter les vins de Bourgogne, et que le sucrage n'a jamais eu pour but d'en faire de toutes pièces, mais bien d'améliorer sous tous les rapports des produits non seulement sans valeur, mais qui souvent peuvent être nuisibles à la santé, ou tout au moins un embarras pour le producteur. En somme, ce n'est pas le sucrage des vins qui a perdu leur réputation, mais bien l'abus qu'on en a fait. Seulement, dit en terminant ce savant chimiste, j'ai recommandé l'usage du sucre pur et bien fait, et à dose convenable, pour rétablir la densité normale du moût, en l'employant avec des précautions convenables. Mais qu'a-t-on fait ? On a sucré à tort et à travers, dans les bonnes comme dans les mauvaises années, les mauvais vins pour les rendre bons, et les bons pour les rendre meilleurs.

M. de Vergnette. A tort ou à raison, le sucrage a porté atteinte à la réputation de la Bourgogne : c'est à ce procédé qu'on attribue les maladies plus fréquentes de nos vins et la préférence accordée à des produits avec lesquels ils marchaient de pair autrefois. Le chauffage mal appliqué, toujours sans méthode, a détruit tout cet échafaudage de perfectionnement, et de là nos malheurs.

M. Mollerat. C'est encore un des inconvénients de la pratique non raisonnée. Il ne faut pas dire que le chauffage a perdu nos vins, mais dire au contraire que la faute tout entière doit être attribuée à la manière irrationnelle dont il a été appliqué, et en général au peu de soins qu'on a mis à conduire toutes ces opérations.

M. Poulet-Denuis reconnaît qu'on a fait abus du sucrage et du chauffage : c'est donc dans l'intérêt de la Côte-d'Or qu'on doit en bannir la pratique et appeler une réaction complète.

M. Sauzey ne partage pas l'opinion des adversaires absolus du sucrage. Nos vins du Beaujolais, souvent de mauvaise qualité, ne trouvaient de consommateurs que dans la localité; mais, depuis l'emploi du sucre, ils concourent avec avantage à l'approvisionnement de Lyon. Je ne suis pas contre l'emploi du sucre, mais contre les abus que son usage a pu introduire.

M. Leclerc regarde comme une véritable falsification l'emploi, l'addition, l'introduction dans le vin, de toutes substances étrangères.

M. Poulet-Denuis fait remarquer que, dans la discussion qui s'est engagée de nouveau sur une question déjà résolue, on n'a pas répondu aux objections précises qu'il a formulées à la séance précédente; que la question n'était pas de savoir si, ainsi qu'on l'avait dit, le sucrage des vins était fait avec plus ou moins de discernement, et si les vins d'un ordre inférieur étaient améliorés par ce procédé;

Que l'usage de sucrer les vins était depuis assez long-temps pratiqué pour admettre que tout le monde était également apte à le faire dans les meilleures conditions; qu'il ne contestait pas que des vins qui n'étaient pas bons puissent être améliorés par l'emploi du sucre, mais que, tout en admettant ce résultat, son opinion en était d'autant plus fortifiée contre le système de sucrer les vins, et qu'il y puisait un argument qui lui paraissait sans réplique : car enfin, a-t-il dit, tout le monde est d'accord sur ce point, qui n'est au reste pas contestable, à savoir, que si, pour les bons vins et dans les bonnes années, toute addition de sucre les dénature et leur est contraire, dans quel but chercherait-on à améliorer des vins, soit d'une mauvaise année, soit d'une qualité inférieure, si ce n'est pour les replacer dans un ordre qui ne leur appartient pas ?

Si la Bourgogne veut conserver le rang élevé qui lui a été départi par la nature de son climat, l'excellence de ses produits, il faut qu'elle s'efforce de conserver, de maintenir ses meilleurs types dans chacun de ses incomparables climats.

3424. — Paris, impr. Guiraudet et Jouaust, rue S.-Honoré, 338.